KB211439

항공서비스시리즈 ❺

항공객실업무
Airline Cabin Service

박혜정

백산출판사

글로벌시대 관광산업의 발전과 더불어 항공서비스 및 객실승무원에 대한 관심이 날로 증가됨에 따라 전문직업인을 양성하는 대학을 비롯하여 교육기관에서 관련 교육이 확대되고 있다.

저자도 객실승무원을 희망하는 전공학생을 대상으로 강의를 하면서 교과에 따른 교재들을 개발·활용해 왔으며, 이제 그 교재들을 학습의 흐름에 따라 직업이해, 직업기초, 직업실무, 면접준비 등의 네 분야로 구분·정리하여 항공서비스시리즈로 출간하게 되었다.

직업이해	1	멋진 커리어우먼 스튜어디스	직업에 대한 이해
직업기초	2	고객서비스 입문	서비스에 대한 이론지식 및 서비스맨의 기본자질 습득
	3	서비스맨의 이미지메이킹	서비스맨의 이미지메이킹 훈련
직업실무	4	항공경영의 이해	항공운송업무 전반에 관한 실무지식
	5	항공객실업무	항공객실서비스 실무지식
	6	항공기내식음료서비스	서양식음료 및 항공기내식음료 실무지식
	7	비행안전실무	비행안전업무 실무지식
	8	기내방송 1·2·3	기내방송 훈련
면접준비	9	멋진 커리어우먼 스튜어디스 면접	승무원 면접준비를 위한 자가학습 훈련
	10	English Interview for Stewardesses	승무원 면접준비를 위한 영어인터뷰 훈련

모쪼록 객실승무원을 희망하는 지원자 및 전공학생들에게 본 시리즈 도서들이 단계적으로 직업을 이해하고 취업을 준비하는 데 올바른 길잡이가 되기를 바란다. 또한 이론 및 실무지식의 습득을 통해 향후 산업체에서의 현장적응력을 높이는 데도 도움이 되기를 바란다.

　아울러 항공운송산업의 환경은 지속적으로 변화·발전할 것이므로, 향후 현장에서 변화하는 내용들은 즉시 개정·보완해 나갈 것을 약속드리는 바이다.

　본 항공서비스시리즈 출간에 의의를 두고, 흔쾌히 맡아주신 백산출판사 진욱상 사장님과 편집부 여러분께 깊은 감사의 말씀을 전한다.

저자 씀

PREFACE

　오늘날 항공서비스산업에 있어서 그 경쟁이 점차 첨예화됨에 따라 항공사별로 자사만의 서비스 차별화 전략을 수립하고자 노력하고 있다. 국내 항공사들도 다양한 변화와 혁신을 꾀하고 있으며, 고품위의 최상위 서비스를 제공하는 명품항공사로 거듭날 것을 강조하는 등 서비스 질적 제고를 위한 전사적 노력을 기울이고 있다. 보다 나은 객실서비스를 승객에게 제공하기 위해 기내의 편안함과 안락함을 위한 기내환경 개선 및 서비스 내용과 방법 등에 관한 끊임없는 연구와 개발이 이루어지고 있으며, 일선에서 가장 오랜 시간 승객을 접하며 서비스를 제공하는 객실승무원의 중요성이 더욱 증대되고 있다.

　본서는 이러한 시대적 흐름에 맞추어 항공사 객실승무원을 희망하는 항공관련 전공 학생들을 위한 교과교재로 활용하고자 항공기 객실서비스 업무 전반에 관한 실무지식의 내용으로 구성하였다.

　본서의 특징은 다음과 같다.

　첫째, 전체적으로 1부에서는 객실구조, 객실서비스 구성요소 및 기내식음료 이론 등 객실서비스의 전반적인 내용을 다루었으며, 2부는 객실승무원의 서비스매너 및 객실서비스 실무실습 내용으로 구성하였다.

　둘째, 객실서비스 업무를 항공기 탑승에서부터 하기까지 이착륙을 기준으로 단계별로 나누어 설명함으로써 기내서비스 업무흐름을 전체적으로 파악하고 실습을 통해 익힐 수 있도록 하였다.

셋째, 객실서비스 내용은 일반석을 중심으로 하였고, 항공사의 특성에 따라 서비스 절차와 방법의 차이가 있는 만큼, 특정 항공사의 서비스 규정에 치우치지 않는 일반적인 객실서비스 업무내용을 다루었다.

넷째, 객실서비스 전문용어를 그대로 사용하여 현장감을 높이도록 하였고, 내용의 이해를 돕기 위해 관련사진 및 기사 자료 등을 수록하였다.

마지막으로, 승객과의 대화요령, 기내에서 발생 가능한 상황 및 서비스대화 예문 등을 다양하게 제시함으로써 실제 실무활용능력을 키우도록 하였다.

모쪼록 본서를 통해 객실서비스 업무에 관한 전반 지식을 습득하고 향후 산업체에서의 현장 적응력을 높이는 데 도움이 되기를 바란다.

끝으로 이 책이 출간되기까지 내용 감수와 자료 제공 등 여러모로 많은 도움을 주신 분들께 지면을 통해 깊은 감사의 말씀을 드린다.

저자 씀

CONTENTS

PART 2 객실서비스 실무

CONTENTS

Airline Cabin Service

객실승무원의 임무와 직급체계

제1절 객실승무원의 임무

1. 객실승무원의 책임

객실승무원[1]은 승객의 안전하고 쾌적한 여행을 위해 객실에 탑승하여 근무하는 남·여승무원을 총칭한다.

객실승무원은 승객을 목적지까지 안전하고 쾌적하게 운송해야 하는 안전의 책임과 운송 중 승객의 요구를 충족시켜 최상의 서비스를 제공하고 편안한 여행이될 수 있도록 서비스할 책임이 있다.

승객들은 비행기의 입구에 들어서면서부터 밝은 미소의 승무원을 처음으로 마주치게 되며, 그 순간 해당 항공사의 첫인상과 서비스에 대한 평가가 이미 절반은이루어졌다고 볼 수 있다. 즉 객실승무원은 탑승구에서 승객을 맞이하는 것부터승객이 내리기까지의 전 과정에 참여하게 되므로, 승객은 비행 내내 마주치는 승무원들의 이미지로 항공사를 평가하고 기억하게 된다.

그러므로 항공운송 종사자 중 다수를 차지하고 있는 객실승무원의 역할은 더욱

---

[1] 「항공법」 제2조 3호에서 말하는 승무원은 "항공기에 탑승하여 비상탈출의 진행 등 안전업무를 수행하는 사람"으로서, 승무(On-duty Flight)는 객실승무원이 항공기에 탑승하여 소정의업무를 수행하는 것을 말한다.

더 중대되고 있으며, 이들은 국내외로 여행하는 수많은 외국인에 대한 민간 외교관의 역할을 한다고 할 수 있다.

2. 객실승무원의 임무

객실승무원의 역할은 한마디로 탑승한 승객들이 비행기에서 내릴 때까지 비행시간을 편안히 보낼 수 있도록 도와주는 것이다. 객실승무원의 임무를 요약하면 다음과 같다.

- 운항 전 브리핑에 참석하여 비행근무에 필요한 사항을 확인한다.
- 객실 내의 비상장비, 의료장비 및 서비스 물품 등을 점검한다.
- 객실 수하물 및 우편물의 탑재사항을 철저히 파악한다.
- 운항 및 안전에 관하여 기장이 지시하는 업무를 수행한다.
  - 승객 탑승 전후 객실상황 및 운항 전후 기내 안전 및 보안 점검을 실시하고, 그 결과를 기장에게 보고한다.
  - 승객에게 Safety Instruction을 실시한다.
  - 객실승무원의 가장 중요한 임무는 비상사태 시 승객들을 안심시키며 신속하고 안전하게 탈출시키고 필요한 조치를 취하는 것이다.
- 승무원의 업무수행을 위한 회사 자체의 객실승무원 세부 근무규정을 준수한다.

최초의 객실승무원은?

원래 여객기의 객실에서 승객에 대한 서비스를 전담하는 객실승무원은 없었으며, 부조종사가 승객에게 간단한 음료서비스 등을 담당했었다. 그러나 여객기의 발달과 함께 탑승객의 수가 증가하면서 객실전용 승무원의 탑승제도가 도입되었고, 1928년 독일의 루프트한자 항공사가 가장 먼저 남승무원을 탑승시켰다. 당시 객실승무원을 'Flight Attendant'라고 불렀으며, 이때부터 여객기에 조종요원과 객실요원의 기능이 구분되었다.

↑ 최초의 여승무원 8명

여승무원인 스튜어디스(Stewardess)의 시초는 이후 2년 뒤인 1930년 미국의 보잉에어트랜스포트회사(BAT, Boeing Air Transport, 현 유나이티드항공)에서 엘렌 처치(Ellen Church)라는 25세의 간호사를 채용하면서부터이다. 그녀는 파일럿이 꿈이었는데 당시는 여성이 파일럿이 될 수 있는 시대가 아니었고, 대부분 상류사회의 저명인사들인 승객을

↑ 1930년 당시 스튜어디스로 활약한 엘렌 처치의 모습

돌보는 일도 여객선에서나 비행기에서 모두 남자(Steward)들의 몫이었다. 그러나 엘렌 처치는 '특히 간호사는 병약한 승객들에게 반드시 훌륭한 서비스를 제공할 수 있을 것'이라고 적극적으로 회사를 설득하여 채용되게 되었다. 그리하여 자신을 포함해 다른 7명의 여성을 모아, 사상 최초로 8명의 스튜어디스를 탄생시켰다. 그 당시 호칭은 '에어 호스티스(Air Hostess)' 또는 '에어 걸(Air Girl)'이라고 불렀다.

↑ 초창기의 DC-3기

그녀들은 샌프란시스코와 시카고 사이의 정기편인 대륙 횡단편에 탑승했는데, 비행기는 DC-3, 12인승 복엽기(複葉機)로 도중에 급유 또는 식사를 위해 12회나 중간 기착하면서 20시간이나 걸리는 장거리 코스였다. 때로는 논밭에 불시착하는 일이 벌어져서 다치는 승객이 발생하기도 했는데, 이들 간호사 스튜어디스들의 활약으로 인해 승객들에겐 최고의 서비스를 제공하게 되었다. 곧 승객들은 이들의 서비스에 호평을 보내게 되고 보잉사는 이 제도를 본격적으로 도입하게 되었다. 그리고 불과 2년이 채 지나지 않아 당시 미국 내의 20여 개 항공사가 모두 경쟁적으로 여성 객실승무원 제도를 채택하였다. 이는 바로 유럽에 영향을 미쳐 에어프랑스(AF)의 전신인 파아망항공사(Farman Airlines)가 국제선에 스튜어디스를 탑승시키는

↑ 1934년 스위스항공에 탑승한 유럽 최초의 스튜어디스

것을 시작으로, 1934년 스위스항공이, 이듬해엔 네덜란드의 KLM이, 그리고 1938년엔 당시 유럽 최대 항공사였던 루프트한자가 이 제도를 운용함으로써 유럽 전역에도 여승무원들의 활약이 시작되었다.

당시 BAT사는 '간호사 자격을 갖고, 성격이 원만하고 교양이 있으며, 키가 5피트 4인치(162cm) 이하, 몸무게 118파운드(51.189kg) 이하, 나이 20~26세 이하의 독신여성'이라는 조건을 붙였는데, 이는 당시 비행기의 객실이 좁고 천장이 낮은 데서 연유하는 것으로 보인다. 또 당시에는 스튜어디스가 탑승수속 업무까지 담당했으며, 승객의 몸무게와 수하물의 무게를 측량하는 일을 했다.

객실승무원의 역할

● 서비스 제공의 역할
승객에게 외형적이나 물질적인 것만 서비스하는 것이 아니라 인적·정신적인 자세가 포함된 서비스를 제공해야 한다.

● 도움이 되어주는 역할
승객이 어려운 일을 접했을 때 도움을 주고 해결하는 등 승객이 목적지까지 안심하고 편안한 여행을 할 수 있도록 세심하게 배려하는 역할을 해야 한다.

● 승객과의 인간관계를 원활하게 하는 역할
승객과 승무원의 관계, 혹은 승객과 승객의 관계를 원활하게 이끄는 교량역할을 하고 다양한 부류의 승객과 대화를 통해 여행의 즐거움과 편안함을 제공해야 한다.

3. 객실승무원의 업무 특성

객실서비스는 고객과의 접점시간이 가장 길고, 타 항공사와 차별적인 서비스를 제공할 수 있으므로, 이를 담당하는 객실승무원의 역할은 매우 중요한 부분을 차지하고 있다. 서비스가 고객에게 전달되는 접점에서 일하는 종사원들에 의해서 서비스의 전체적인 품질 수준이 결정되는 경우가 많기 때문에 그들의 즉각적인 상황판단과 문제해결 능력은 고객이 지각하게 되는 동시에 서비스 품질에 직접적인 영향을 미친다.

그러므로 객실승무원은 높은 수준의 전문적 지식과 기술뿐만 아니라 다양한 감성을 가지고 개별 고객의 욕구를 충족시키는 마케팅 기능을 수행해야 한다.

객실승무원은 다음과 같은 업무적 특성을 지니고 있다.

첫째, 객실승무원은 항공운송 종사자들 가운데 가장 오랜 시간 승객과 접하게 되므로
　　　승객은 기내에서 제공받는 객실승무원의 서비스를 통해 항공사와 소속 국가에
　　　대한 이미지를 형성하게 된다. 또한 여행자들뿐만 아니라 일반 사람들에게도
　　　쉽게 깊은 인상을 주므로 사회적으로도 주목의 대상이 된다.
둘째, 객실승무원은 업무수행 과정에서 다양한 분야와 국적, 여러 계층의 승객과 접해
　　　야 하므로 다방면에 걸쳐 정확하고 풍부한 상식과 교양, 업무지식 그리고 외국
　　　어능력을 갖춤으로써 여러 상황에 현명하게 대처해야 한다.
셋째, 객실승무원이 근무하게 되는 항공기 내는 제한된 좁은 공간, 탁한 공기, 낮은
　　　기압과 습도 등 일반 사무실과는 매우 다르다.

객실승무원은 이러한 여건 속에서 다양한 승객에게 장시간 노출되는 근무특성이
있다. 또한 주야 구분 없는 근무형태이므로 시차문제로 인한 생체리듬의 불균형으
로 인한 체력 저하, 피부 노화 등의 건강문제가 뒤따르게 된다.

그 외 근무형태의 특성으로는 월별 개인 스케줄에 의한 근무이며, 팀 단위의
해외 체재 근무라는 점이 있다.

◉ 고도와 기압

일반적으로 지상의 기압은 1.0, 순항고도인 35,000~40,000ft 상공의 기압은 0.2 이다.

기온은 지상기온보다 65℃나 낮아 지상기온이 15℃라면 상공은 -50℃ 정도이다. 그러나 항공기 여압장치의 가동으로 기내 기압은 보통 사람에게 불편함이 없는 정도의 해발 5,000~8,000ft 고도에서의 기압과 비슷한 수준으로 유지되고 있다.

◉ 습도

인체에 있어서 쾌적한 실내 습도는 50~60%인데 기내의 습도는 15% 내외이다. 환기를 위해 바깥공기를 계속 끌어들이고 있기 때문에 습도가 낮고 매우 건조한 것이다.

◉ 온도/환기

기내 온도는 에어컨을 가동시켜서 상시 23~25℃ 정도로 유지되고 있고, 기내의 공기를 계속적으로 교환하기 위한 객실 환기시스템이 장착되어 있다.

◉ 소음

항공기 객실 안은 제트엔진에서 나오는 마찰음과 바람을 가르는 소리 때문에 중저음의 소음에 둘러싸여 있다. 이러한 항공기 소음은 실제로 항공기의 방음장치, 소음차단벽 및 좌석 개선을 통해 확연히 줄어, 일반적으로 객실 내에서 큰 불편을 느낄 정도는 아니지만, 이착륙 시 및 엔진 근처 일부 좌석에서는 소음 정도가 높다.

제2절 객실승무원의 직급체계

객실승무원의 직급체계에 항공사별로 다소 차이는 있으나 일반적으로 다음과 같이 구분하며, 공통적으로 여러 단계의 진급과정을 거치게 된다.

처음 입사한 신입승무원들은 회사 규정에 따른 일정 기간 동안 비행근무를 한 후 자격심사를 거쳐 부사무장(Assistant Purser)이 된다. 이를 보통 영어 알파벳의 앞 글자를 따서 AP라고 부르는데 AP가 되고 나서 일정 근무기간이 지나면 항공기 객실의 관리자 격인 사무장(Purser)으로 진급할 수 있는 자격이 주어진다.

그리고 다시 사무장에서 일정 연한 근무 후 선임사무장(Senior Purser)으로의 진급 기회가 주어지고, 그 다음 승무원직 중에서는 최고의 직급인 수석사무장(Chief Purser)이 될 수 있는 자격이 주어진다.

1. 직책에 따른 임무

1) 객실 팀장(Duty Purser)

해당 항공 편에 탑승한 승무원 구성팀의 최상위 직급자로서 승객서비스에 관련된 제반사항, 객실승무원 지도, 객실업무관리 및 책임을 맡는다.

- 객실 브리핑(Briefing) 주관 및 승무원의 업무 할당
- 비행 중 기내 설비 및 장비의 기능 점검 확인
- 기내서비스 진행 관리 및 감독
- 항공기 출입항 서류 및 Ship Pouch 등 제반 서류 관리
- 기내방송 관리 감독

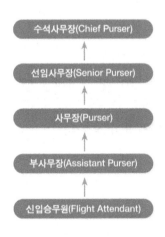

- VIP, CIP 등 Special 승객 등에 대한 처리
- 비행 중 발생하는 Irregularity 상황의 해결 및 보고
- 운항 승무원과의 Communication : 이륙 전 비상 및 보안장비 점검 결과, Door Close 및 객실 이륙 준비완료 통보 등 객실 및 승객의 안전에 관한 사항을 파악하여 기장에게 보고한다.
- 안전비행을 위한 제반조치
- 해외 체재 시 승무원 관리 및 해외 지사와의 업무 연계체제 유지

2) 객실 부팀장(Assistant Purser)

팀장 유고 때 그 임무를 대행하며, 승무 중에는 다음의 업무를 수행한다.

- 팀장 업무 보좌
- 팀장의 임무수행이 불가능한 경우 팀장 업무대행
- 일반석 서비스 진행 및 관리
- 서비스용품 탑재 확인
- 비행 안전업무
- 수습 승무원 훈련지도 및 평가
- 일반 승무원 업무 및 기타 팀장으로부터 위임받은 업무 수행 등

3) 객실승무원

비행 중 각자에게 할당된 구역에서 비행안전 및 서비스 업무를 담당한다.

4) 현지 여승무원

비행 근무 중 할당된 비행안전 및 서비스 업무를 담당하며, 해당 언어권의 현지 승객을 위한 의사소통을 담당한다. 비행 중 실시되는 안내방송을 해당 현지어로 실시한다.

> 객실승무원의 탑승 인원 수는 비행 중이거나 이착륙 때의 비상사태에 대비하여 여객기의 일반
> 출입구와 비상출구의 수만큼 태우는 것이 하나의 기준이 되고 있으며, 여기에 승객서비스를 고려
> 하여 탑승인원을 결정하게 된다.
> 객실승무원 탑승 인원은 효율적인 서비스 업무수행, Class별 서비스 수준 유지 및 비행안전 등을
> 고려하여 결정하되 승객의 비행안전 확보를 위한 최소 탑승 인원 수를 유지하며 기종별, 노선별
> 승무원 탑승 인원 및 편성기준은 별도 정한 바에 의한다. 국제선의 경우 비행 편의 승객 탑승률
> (Load Factor)에 따라 조정되기도 한다.

2. 관리체제

일정한 장소와 규칙적인 시간의 근무형태가 아닌 객실승무원들에 대한 관리제도
는 항공사별로 다소 차이가 있으나, 일반적으로 소규모 단위 조직인 팀으로 나뉘어
운영된다.

1) 팀제의 특성

항공사 객실팀제의 특성은 각각의 팀이 정해진 스케줄에 따라 움직이는 하나의
독립기업과 같은 현장 운영조직이다. 객실팀이 일반 사무실 내의 팀조직과 다른
점은 팀원들이 시간적, 공간적으로 제한된 항공기 내에서뿐만 아니라, 해외 체재
시에도 함께 체류하는 시간이 길다는 점을 들 수 있으며, 이러한 특성으로 인해
해외 체재기간 동안 연대의식과 단체행동 등 공통적 유대가 강하게 형성된다. 특히
한 달의 반 이상을 해외에서 생활하면서 숙식을 함께하는 업무 특성상 팀원들은
동료이자 제2의 가족 같은 존재이다. 그리고 이러한 팀원 간에는 유기적 일체감을
공유하게 되며, 이는 곧 팀워크(Teamwork)로 연결되어 업무의 큰 활력소가 된다.

즉 한 팀의 효율성 수준을 결정하는 요인들로 팀원 개개인의 능력보다는 팀장의
리더십을 중심으로 하는 팀 구성원의 팀워크의 역할이 크다고 할 수 있다. 이 때문
에 항공사에서는 객실승무원 채용 시 무엇보다 구성원들끼리 상호 존중할 수 있는
성품을 지니고, 동료를 존중할 줄 알며, 타 부서의 직원들과 좋은 관계를 유지할
수 있는 팀플레이어 선발을 중요하게 생각하고 있다. 선행 연구결과에 의하면 서비

스기업에서 팀의 효율성은 우수한 서비스의 선결요건이 된다.

2) 조직 및 팀제 운영현황

객실팀 편성은 팀당 약 16~18명씩 팀 승무원이 직책별로 배속되며, 팀 구성원들은 1년 또는 2년 간격으로 새로운 팀장 밑에서 관리를 받게 되고, 승격, 사직, 휴직 등으로 인해 팀원 결원 시 또는 관리상 필요시에는 팀원이 교체된다.

팀의 효율적인 운영과 비행업무 내용을 고려하여 팀의 리더인 팀장부터 부팀장, 상위클래스 서비스 훈련 이수자, 방송 상위 등급자 등 자격요건에 맞추어 업무가 고르게 배정되도록 팀원이 구성되며, 그에 따른 객실승무원의 관리가 이루어진다.

또한 업무 수행상 팀 구성원들은 각 클래스별(일등석, 비즈니스석, 일반석)로 나누어지며 각 클래스 리더들의 임무 범위가 직책에 따라 명확하게 주어진다. 그리고 각 클래스의 리더들은 직급이나 입사 순에 따른 시니어리티(Seniority)에 의하여 해당 클래스의 서비스를 책임지고, 구성원들을 감독·지도하게 된다.

팀장은 이렇게 클래스별로 독립된 기능이 지속적으로 수행될 수 있도록 전반적인 팀의 인력을 배치하고 통제·지휘·감독·교육 등의 역할을 한다. 객실승무원 현장 팀의 구성은 아래 그림과 같다.

● 객실승무원 현장팀의 구성

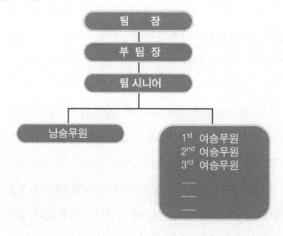

객실승무원 상호 간 및 운항승무원과의 협조와 원활한 의사소통은 탑승승무원의 Teamwork 형성과 안전한 비행환경 조성을 위하여 매우 중요하다. 이는 특히 비상상황 발생 시 매우 중요한 필수요건이 된다.

유나이티드항공(United Airlines)은 1980년대 초 최초로 승무원자원관리(CRM : Crew Resource Management) 프로그램을 개발하여 현재까지 승무원 교육에 활용하고 있는데, 이는 효과적인 커뮤니케이션과 피드백, 팀워크(Teamwork) 강화, 그룹문제의 해결, 효과적인 업무분배, 상황인식의 공유 등 팀조직에 관한 내용들로 구성되어 있다.

3. 지휘체계

항공기 운항 및 안전운항에 관한 총책임은 기장에게 있으며, 기내서비스에 대한 책임은 객실 팀장에게 있다.

■ 운항 중 객실승무원의 지휘계통

- 기장
- 객실 팀장
- 객실 부팀장
- 객실승무원

바람직한 객실승무원의 요건

● 서비스맨으로서의 확고한 직업의식

객실승무원은 각양각색의 승객을 개별적으로 응대하는 항공서비스 최일선의 근무자이다. 그러므로 서비스맨으로서의 직업의식과 회사를 대표한다는 주인의식이 요구된다.

● 부단한 자기 개발과 관리

다양한 국적 및 각종 계층의 승객을 접하게 되는 승무원은 업무지식과 외국어 능력은 물론, 다방면에 걸친 폭넓고 정확한 지식을 구비해야 한다.

또한 유니폼을 착용하고 신분이 노출되는 직무의 특수성으로 인해 항상 세인의 관심대상이 되므로 다른 직종에 비해 더욱 철저한 자기관리를 필요로 한다.

● 원만한 인간관계

항공운송사업은 다양한 분야의 협력이 집약되어 이루어지는 업종인 만큼 객실승무원은 동료 승무원들뿐만 아니라 사내 부서 직원, 대외 관련 부서 직원들과의 원만한 인간관계 유지가 중요하다.

✈ 1. 유니폼 착용

객실승무원의 유니폼은 내부적으로는 승무원 간의 일체감과 결속력을 높여주고 대외적으로는 통일된 이미지와 국제적 감각의 세련미를 더해주어 승무원의 이미지를 높이는 데 큰 역할을 한다.

객실승무원의 유니폼은 곧 항공사의 얼굴이자 국가의 이미지와도 연관이 있으며, 객실에서 근무할 때와 승객을 응대할 때는 물론이고, 회사 내에서 또는 해외 어느 곳에서나 많은 사람의 시선을 받게 된다. 그러므로 세련된 감각으로 항상 청결하고 단정하게 유지해야 하며, 유니폼을 착용했을 때는 일상 행동에도 유의해야 한다.

유니폼 착용 때에는 그 형태나 규격을 임의로 변경할 수 없으며, 각자의 개성과 취향에 따르기보다는 전체 이미지의 통일성이 중요하다.

그러므로 유니폼에 어울리는 Make-up, Hair-do, 액세서리 등 제반 용모·복장 규정을 준수하여 근무에 임해야 한다.

1) 위생과 청결

서비스에 있어 가장 중요하면서도 필수적인 요소가 위생과 청결이다. 이는 개인의 청결문제뿐만 아니라 고객이 보는 앞에서 서비스맨은 손의 사용을 주의 깊게 해야 한다는 의미이다. 특히 객실승무원의 경우 기내에서 식음료를 다루게 되므로 항상 승객의 가시권에 있는 객실승무원의 손은 깨끗하고 청결하게 유지되어야 한다.

또한 근무여건상 승무원의 작업장과 작업과정이 승객에게 드러나게 되어 있는 만큼 승객이 보는 앞에서 기내 복도에 떨어진 오물을 맨손으로 집거나 앞치마를 한 채 화장실에 다니거나 하는 일은 기내의 모든 서비스에 있어 위생문제를 의심하게 한다.

서비스맨은 기본적으로 청결을 유지하기 위해 다음과 같은 사항에 세심한 주의를 기울여야 한다.

- 목욕을 자주 해야 한다.
- 머리나 손과 발 등을 항상 깨끗이 한다.
- 손톱은 청결하게 정돈한다.
- 이는 항상 깨끗이 닦고 냄새가 강한 음식을 먹은 후에는 입 냄새를 없애기 위해 특히 양치질을 잘하도록 한다.

2) 화장(Make-up)

승무원은 자신의 매력을 강조하고, 상대방으로 하여금 마음 편하고 따뜻함이 느껴지는 온화한 메이크업을 하는 것이 중요하다. 정도를 넘는 화장은 오히려 보는 이로 하여금 부담스럽고 신뢰감까지 잃게 한다.

객실승무원의 경우, 10시간 이상의 장거리 비행근무 시 기내 조명이 어둡기 때문에 특히 밝고 건강해 보이는 지속성 있는 뚜렷한 화장이 필요하다.

객실승무원의 바람직한 화장은 다음과 같다.

- 밝고 건강한 메이크업
- 유니폼에 어울리는 메이크업
- 자연스러운 메이크업

3) 머리 손질(Hair-do)

승무원의 머리는 항상 단정해야 하고 유니폼이나 얼굴형과 조화를 이루어야 한다. 또한 비행근무 시 일의 능률과도 직결되므로 업무 특성에 맞는 헤어스타일을 유지하는 것이 중요하다.

(1) 여성의 머리 손질

여성미를 강조함과 동시에 일의 능률을 고려해야 한다. 파마한 머리는 정돈된 느낌이 들지 않으므로 드라이로 깔끔하게 펴는 것이 단정해 보이며 긴 머리는 단정하게 묶는다.

(2) 남성의 머리 손질

파마, 긴 머리, 단발머리형 등의 헤어스타일은 바람직하지 않다. 또한 앞머리가 흘러내리지 않도록 머릿결에 따라 포마드나 물기름, 무스 등을 발라야 한다. 하지만 지나치게 반짝거릴 정도로 바르는 것은 보는 이에게 부담을 줄 수 있다. 그리고 옆머리는 귀를 덮지 않아야 하고 뒷머리는 셔츠 깃의 상단에 닿지 않도록 하는 것이 단정해 보이므로 항상 유의한다.

객실승무원의 이미지메이킹

- 밝고 호감 가는 미소와 단정한 용모
- 강한 체력과 인내심
- 시간 약속을 지키는 정확성
- 항상 누구에게나 먼저 인사하는 자세
- 무슨 일이든지 솔선수범하는 자세
- 맡은바 임무를 성실히 완수해 내는 책임감
- 적극적이고 긍정적인 마음가짐
- 끊임없는 자기 계발의 노력

---

2. 필수 휴대품

객실승무원의 휴대품은 각 항공사에서 제정하여 지급한 Flight Bag, Hanger, Shoes, Apron 및 기타 업무상 필요로 회사에서 제정한 것으로 제한하여 일절 다른 물건은 휴대할 수 없으며, Flight Bag 내에는 그 외 비행 업무에 필요한 업무 규정집이나 여권, 신분증, 손전등, 필기구,  시계, 기타 비행근무에 필요한 서류/물품, 간단한 화장품 등을 휴대해야 한다.

객실구조와 시설

제1절 객실구조

항공기의 기내를 캐빈(Cabin) 또는 객실이라고 칭하며, 항공기의 객실은 기종에 따라 몇 개의 구역(Zone)으로 나눠진다. 이 구역은 일반적으로 비상시에 사용하는 비상구(Exit Door)인 문(Door)과 문 사이를 두고 구분하며, 객실승무원의 근무구역을 설정하는 기준이 된다.

1. 대형기

대형기는 A380, B747, B777-300 등의 항공기를 말한다. 기종에 따라 비상구(Exit Door)가 항공기 양측에 각각 5~6개 있으며, 대형기의 객실 구역은 앞쪽부터 차례로 A, B, C, D, E Zone으로 이루어져 있다.

B747 항공기의 경우 A, B, C, D, E Zone을 비롯하여 객실 전방 A, B Zone 바로 윗부분에 이층으로 연결된 장소인 Upper Deck Zone이 있다.

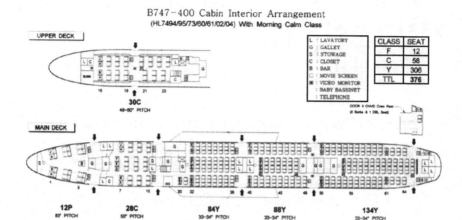

B747-400 Cabin Interior Arrangement
(HL7494/95/73/60/61/02/04) With Morning Calm Class

2. 중형기

중형기는 A300-600, A330, A340, B777-200, B767-300, B767-400 등의 항공기로, 비상구(Exit Door)가 항공기 양쪽에 각각 3~4개 있다.

중형기의 객실구역은 대형기와 마찬가지로 앞쪽에서부터 차례로 A, B, C, D Zone으로 이루어져 있다.

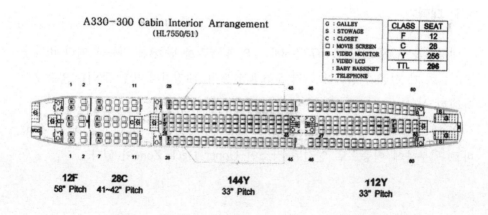

A330-300 Cabin Interior Arrangement
(HL7550/51)

3. 소형기

소형기는 B737, F100 및 기타 소형 항공기 등이 속한다. 비상구가 총 2~3개로서 객실의 구역을 나누기보다는 항공기 전방(Forward), 후방(After)의 개념으로 근무구역을 설정한다.

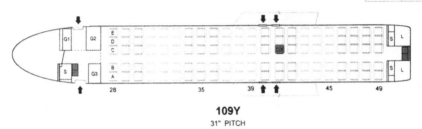

F-100 Cabin Interior Arrangement
(HL7206/07/08/09/10/11/12/13/14/15/16/17)

L : LAVATORY
G : GALLEY
S : STOWAGE

CLASS	SEAT
F	-
C	-
Y	109
TTL	109

109Y
31" PITCH

객실서비스 등급은 항공사에 따라 그 명칭을 다양하게 정하고 있으나, 일반적으로 일등석(First Class), 비즈니스석(Business Class), 일반석(Economy Class)으로 구분된다. 객실은 Bulkhead라고 불리는 칸막이로 나뉘어 있으며, 객실서비스 등급은 항공기의 구역(Zone) 구분과 마찬가지로 객실승무원의 근무구역을 설정하는 데 있어 중요한 기준이 된다.

그러나 저가항공사의 경우, 탑승수속시간 절약 및 경비절감을 위해 탑승권의 좌석번호가 없이 공항도착 순서대로 구역별로 착석하도록 하는 단일 등급으로 운영하기도 한다.

1. First Class(일등석)

First Class는 객실 전방부나 Upper Deck에 위치하며 좌석 너비와 좌석 사이의 간격이 다른 등급에 비해 넓고 쾌적한 Seat Configuration을 갖추어 First Class만의 안락함과 쾌적함을 조성하는 독립된 분위기인 것이 특징이다. 좌석 수는 항공사, 기종에 따라 다양하게 운영되나 대략 20석 미만이다.

최근 각 항공사별로 180° 완전 수평 좌석인 침대좌석클래스를 운영하여, 개인 통신시설, 개인 비디오시스템 및 소형 칸막이가 설치되어 개인의 프라이버시를 최대한 존중하는 편안한 여행을 제공하고 있다.

또한 최신기종의 경우 새롭게 도입된 '명품좌석'이라 칭하는 최신식 고급좌석을 장착, 독립된 공간을 제공하고 있으며, 그 밖에도 장거리 승객을 위한 간이샤워장

설치 등 항공여행의 쾌적함과 안락함을 높여 차별화된 특징이 있다.

2. Business Class(비즈니스석)

Business Class는 First Class의 바로 후방 Main Deck 또는 Upper Deck에 위치하며, Economy Class에 추가 요금을 지불한 승객이 탑승하는 Class로서 일등석에 준하는 서비스 제공과 좌석 분위기를 갖추고 있다. Business Class는 모든 항공사 마케팅 전략의 초점이 되는 Class이므로 각 항공사마다 특색 있는 자사만의 Business Class 명칭을 내걸고 승객에게 높은 수준의 다양한 편의시설을 제공하고 있다.

최근 국내 항공사는 비즈니스 클래스에서도 180°로 펼쳐지는 좌석으로 일등석에 버금가는 안락하고 쾌적한 휴식 공간을 제공하고 있다.

3. Economy Class(일반석)

Economy Class는 기종별로 차이는 있으나 소형기의 경우 약 100명, 중형기의 경우 약 250~300명, 대형기의 경우 약 300~400명까지 탑승할 수 있는 일반 좌석을 일컫는다. 최근 약 600명까지 탑승 가능한 초대형 항공기가 운항되면서 향후 세계 항공시장을 주도할 것으로 예상되고 있다.

최근 항공사별로 신형 기종에는 일반석에도 등받이 각도와 좌석 간의 간격을 보다 넓히고, 좌석 하단에 발 받침대(Leg Rest)를 장착하여 운영하는 등 승객의 편의시설 확충에 더욱 주력하고 있다.

1. 좌석(Seat)

1) 승객 좌석

승객 좌석은 항공사별 특징에 따라 차이가 있으나, 대부분 일등석(First Class), 비즈니스석(Business Class), 일반석(Economy Class) 등급별로 다른 형태의 좌석을 배치하고 있고, 좌석과 좌석 간의 간격(Seat Pitch)도 다르다.

좌석은 Armrest, Footrest, Seatbelt, Tray Table, Seat Pocket 등으로 구성되어 있고, 모든 승객의 좌석 밑에는 비행기가 비상사태로 인해 바다에 내렸을 경우에 사용하는 비상용 구명복이 준비되어 있다.

2) 승무원 좌석(Jump Seat)

비상시 승무원의 역할 수행을 위해 각 비상구(Exit Door) 옆에 설치되어 있으며, 1~2명이 앉을 수 있도록 되어 있다. Jump Seat에 승무원 2명이 앉을 경우 Door Open의 일차적 책임은 선임 승무원에게 있다.

착석하지 않은 경우, 비상 탈출 시에 대비해 자동적으로 접혀지게 되어 있으므로 비상시 탈출에 방해가 되지 않도록 Seat Belt와 Shoulder Harness는 항상 Jump Seat 안쪽으로 정리해 놓아야 한다.

승무원 좌석 주변에는 객실 내 각 구역의 승무원 및 조종실의 운항승무원과 상호 간 연락을 취하고 필요할 때 기내방송을 할 수 있는 인터폰과 산소마스크, 소화기 등 각종 비상장비가 장착되어 있다.

그 외 일부 승무원 좌석 주변에는 객실조명, Communication System, Pre-recorded Announcement, Boarding Music 등을 조절하는 장치가 있는 Attendant Panel이 있다.

2. 선반(Overhead Bin)

승객 좌석의 머리 위쪽에 부착되어 있는 선반으로서 승객의 가벼운 짐이나 코트, 베개, 담요 등을 넣을 수 있는 공간을 말한다.

B747, B777, A300 등 뚜껑이 있는 것은 Stowage Bin이라 하며, B727 등 뚜껑이 없는 것은 Hatrack이라 한다.

↑ Stowage Bin

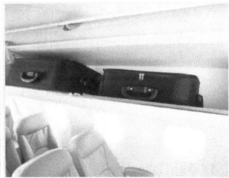

↑ Hatrack

3. PSU(Passenger Service Unit)

승객이 비행 중 좌석에 앉아서 이용할 수 있는 독서등, 승무원 호출 버튼, Air Ventilation, 좌석 벨트/금연 표시등, 내장된 산소마스크 등을 일컬으며, 좌석의 팔걸이 부분이나 머리 위 선반에 장착되어 있다.

최근 대부분의 항공기는 오락물 프로그램을 선택할 수 있는 승객 개인별 리모컨에 독서등, 승무원 호출버튼 등이 포함되어 있다.

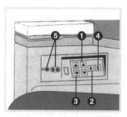
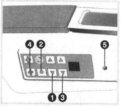

❶ Volume Control/음량 조절
❷ Reading Light Switch/독서등
❸ Channel Selector/채널 선택
❹ Call Button/호출 버튼
❺ Headset Jack/헤드폰 잭

산소마스크(Oxygen Mask)

기내 감압 현상이 발생할 때(객실 고도 14,000ft 이상) 각 승객 좌석의 선반 속에서 자동적으로 내려오도록 되어 있으며, 마스크(Mask)를 당겨 코와 입에 대면 산소가 공급되도록 되어 있다.

4. 주방(Galley)

비행 중 승객에게 제공할 기내식과 음료를 저장 및 준비하는 곳으로서 Oven, Coffee Maker, Water Boiler 등의 시설을 갖추고 있다. 또 지상에서부터 탑재된 기내식 Cart와 음료 Cart, 서비스 물품 등을 각 Compartment 내에 보관할 수 있다.

5. 옷장(Coat Room)

Coat Room은 주로 비행기 전후방, 구석진 벽면 등을 이용하여 별도의 공간이 칸막이 식으로 마련되어 있는 곳으로 Coat Room 안에는 승객의 외투나 짐, 그리고 기타 기내용품 등을 보관할 수 있다.

↑ B747-400 A Zone Coat Room

↑ B747-400 B Zone Coat Room

6. 통로(Aisle)

객실 내부에는 객실 앞뒤를 연결하고, 승무원이 승객에게 서비스를 제공하며 승객들이 통행할 수 있는 통로가 기종에 따라 1개 혹은 2개가 있으며, 이에 따라 항공기를 대, 중, 소형기로 구분할 수 있다.

통로가 1개인 항공기를 Narrow Body(B737, MD82 등), 2개인 항공기를 Wide Body(B747, B777, A330, A300 등)라고 한다.

↑ Wide Body   ↑ Narrow Body

7. 화장실(Lavatory)

기내화재 위험 방지를 위해 금연 구역으로 운용되며, 내부에
연기 감지용 Smoke Detector가 설치되어 있다. 최근 모든 항공
사에서는 화장실 내에서뿐만 아니라 항공기 객실 내의 금연수칙
을 강화하여 철저히 법으로 규제하고 있다.

↑ Smoke Detector

기내 화장실의 오물 처리는?

기내 화장실의 세면대에서 사용된 물은 기내 압력과 그보
다는 매우 낮은 외부 압력의 차이를 이용하여 항공기 외부
로 배출된다.

항공기 내의 화장실 변기에서 사용된 오물 처리 방법은
Water Flushing Type과 Air Vacuum Type이 있으며, 구형
기와 신형기가 다르다.

B747, A300, MD80, F100 등의 구형 항공기는 수세식
형태로 변기 아래 장착된 Tank에 모인 혼합물이 Filter를
거쳐 맑은 액체만 Motor가 뿜어주어 변기의 벽을 씻어주는
Flushing Type이며, B747-400, A300-600, MD11, B777,
A330 등 신형 항공기의 경우, 항공기 맨 뒤쪽 객실 아래
화물칸 부분에 장착된 Tank에 기내 압력과 항공기 외부의
저압력인 Tank 압력 차를 이용하여 오물이 버려지게 되는
진공식(Vacuum Suction)이다.

8. 벙크(Bunk)

장거리 비행 시 승무원이 교대로 쉴 수 있는 공간으로서, 6~8개의 침대가 있다. Crew Rest Bunker가 장착되어 있는 기종은 B747-400, A330-200, B777-200 등이다. B747-400은 항공기 후방 위층에 위치하며, B777이나 A330은 항공기 중단 하단에 위치하고 있다.

객실서비스의
특성과 구성요소

제1절　객실서비스의 개념과 특성

1. 객실서비스의 개념

　객실서비스는 비행 중 기내에서 행해지는 유형과 무형의 서비스를 총칭하며, 항공운송서비스를 마무리하는 단계라는 점에서 항공사 서비스의 꽃이라고 할 수 있다. 그러므로 객실서비스는 고객들이 만족, 불만족을 느끼게 되는 고객 지각에 가장 가까운 서비스이다.

　오늘날 항공기 이용승객의 계층이 확대되고 생활수준이 향상됨에 따라 승객의 욕구가 더욱 증대되고 다양화되었으며 객실서비스도 향상되도록 자극받고 있는 추세이다. 특히 최근 들어 기내의 편안함과 안락함이 고객의 항공사 인지도 및 지명도 제고의 중요한 요인으로 부각되고 있는 점과 관련하여 항공사들은 객실

서비스 수준을 높이기 위해 각기 특징적인 독특한 객실서비스를 제공하고자 노력하고 있다.

2. 객실서비스의 특성

객실서비스의 특성은 다음의 4가지로 요약할 수 있다.

첫째, 항공기 객실서비스는 미용실, 이발소, 세탁소, 법률사무소, 병원의사 등의 한 개인에게 한정되어 행해지는 전형적인 소형 서비스와 달리 서비스 규모에 있어서 대형화된 형태의 서비스이다.

둘째, 철도, 미용실, 은행 등과 같이 주로 어떤 특정 시설물에서 제공되므로 고객에게 서비스 의무를 수행하려고 해도 이동이 불가능하고 고객이 찾아가야 하는 비이동적인 특성이 있다.

셋째, 항공기 객실의 공간이나 기내시설, 서비스용품 제공에 있어서 특정한 기준이 설정되어 있지 않다.

넷째, 서비스가 기내에서 고객에게 직접 전달되는 직접경로를 통한 마케팅의 형태이다. 현재 선박, 철도, 항공사 등의 서비스분야에 마케팅 담당자를 두는 방향으로 변화되고 있으며, 이러한 전사적인 마케팅 노력이 항공사의 기내서비스 관리에도 적극 채택되고 있다.

객실서비스는 크게 물적 서비스와 인적 서비스로 이루어진다. 물적 서비스란 상품, 근무 규정이나 방법, 제공되는 음식, 정보, 기술 등 눈에 보이는 일련의 가격, 양, 질, 시간 등으로 구성되어 있으며, 인적 서비스는 객실승무원의 언행, 인사, 응답, 미소, 배려성, 신속성 등을 의미한다.

다양한 승객의 니즈(Needs)에 따라 기내 물적 서비스 개선에 대한 관심이 점차 커지고 있으나, 항공사는 어느 한 분야에만 집중적으로 치중하기보다 지속적으로 향상되고 균형 있는 서비스로 승객의 편의를 도모하고 신뢰감을 조성하여 경쟁력을 확보해 나가야 한다.

성공적인 객실서비스는 물적 서비스와 인적 서비스가 조화를 이루어 하나의 종합적인 가치를 구현하게 되는 것이며, 이 두 가지 요소가 원활하게 제공되었을 때 승객들은 훌륭한 기내서비스를 받았다고 느끼게 되는 것이다.

1. 물적 서비스

물적 서비스는 승객이 여행 중 이용하거나 제공받게 되는 각종의 시설물과 장비로서 항공기, 좌석, 식음료, 독서물, 통신시설, 기내영화, 음악 및 오락기구 등 기내에서 제공되는 상품(Product)과 기압, 온도, 습도, 소음 등에 관련된 운항 중의 환경(Environment) 및 서비스 전달체계(Delivery Systems)로 구분된다.

최근 항공사 간 경쟁이 점차 과열되면서 새로운 아이디어로 물적 서비스의 차별화와 고급화 전략으로 고객을 유치하려는 움직임이 활발해지고 있다. 이에 따라 기내환경 개선, 기내 특별 이벤트, 장애인을 위한 시설 등 한 차원 높은 새로운 서비스의 개발 및 운용에 힘쓰고 있다.

대표적인 기내 물적 서비스 요소를 살펴보면 다음과 같다.

1) 항공기와 기내 인테리어

세계의 항공사들은 주로 미국의 보잉사(Boeing), 맥도널 더글라스(McDonnell Douglas)사, 유럽의 컨소시엄회사인 에어버스(Air Bus)사에서 제작되는 항공기를 도입하여 사용하고 있다. 그러므로 항공기 노후 정도와 정비기술의 차이가 있을 뿐 용도별로 여러 기종을 도입하여 사용하므로 항공사별로 항공기의 차이는 거의 없다고 볼 수 있다.

다만 항공기의 외적 이미지와 내부 공간은 승객이 느낄 수 있는 항공사의 CIP(Corporate Identity Program)로 기업 이미지의 인지도 및 관심도를 유발하는 중요한 마케팅 요소가 된다. 이는 항공기 외장 전체를 각 항공사의 특색 있는 디자인으로 도장함으로써 승객의 관심을 유발하고, 절대적인 호응을 얻어 고객만족을 위한 성공적인 마케팅 전략으로 평가받고 있다. 최근 항공기의 외부 도장과 객실의 실내장식을 새롭게 단장하는 것을 주요 목적으로 하는 브랜딩 패키지(Branding Package) 프로그램의 실행이 활발하다.

대한항공은 1984년 창립 15주년을 기점으로 새로운 경영체제를 구축하고, 제2의 도약을 상징하는 새로운 이미지를 심기 위하여 심벌마크를 비롯하여 항공기의 외장을 변경하였으며, 2004년 9월에는 청자색과 녹차색으로 내장

↑ 대한항공의 래핑 항공기

을 바꾼 뉴 인테리어 1호기를 공개한 바 있다. 최근 한글의 아름다움을 알리는 래핑 항공기 운영 및 한국적인 미(美)를 강조한 기내 인테리어 변경 등을 실시하였다.

아시아나항공은 창업 초기, 한국의 전통미와 서정성을 강조한 심벌과 함께 색동 줄무늬를 도색한 항공기 수직꼬리날개 등으로 한국 고유의 이미지를 표현하였으며, 2006년 새로운 CI(기업이미지 통합)를 도입하면서 항공기 외장은 물론 기내 소모품 디자인에 대한 변경작업을 실시하였다.

2) 좌석과 공간

항공기 좌석은 좌석등급에 따라 좌석 간의 간격과 제공되는 기내식의 수준에 차별성을 띠고 있다. 최근 들어 국내 항공사들은 서비스 품격을 더욱 높이기 위해 기존의 중장거리 여객기 좌석의 고급화를 통하여 보다 편안한 여행을 제공함으로써 고객을 유치하고자 하는 추세이다.

일등석의 경우, 장거리 노선에 기존의 좌석 폭을 늘리고, 개인모니터 크기 확대, 개인 통신시설, 개인 비디오시스템 및 개별 칸막이 설치 등을 통해 개인의 프라이버시를 최대한 존중하는 편안한 여행을 제공하고 있다. 또한 비즈니스석도 180도로 누울 수 있는 침대형 좌석이 제공되는 추세이다.

3) 화장실(Lavatory)

항공기 내의 화장실은 대부분의 항공사가 거의 동일한 형태로 운영되었으나 최근 들어 각 항공사별로 고급화 및 차별화 전략이 두드러지고 있는 추세이다.

대한항공에서는 A300 이상의 중대형기에 여성전용 화장실을 설치하여 여성용 화장품을 비치하고 여성 취향의 내부 벽지도 디자인하여 운영하고 있으며, 일부 기종에 장애인을 위한 보조 핸들이 장착된 장애인용 화장실을 운영하고 있다.

아시아나항공의 경우, 최근 비즈니스 클래스 화장실에 창문을 설치해 개방감을 높인 것이 특징이다.

4) 기내식음료

기내식음료는 비행 중 승객에게 제공되는 음식과 음료로서 승객이 항공사의 서비스에 대해 갖는 이미지와 깊은 연관이 있으며, 수준 높고 세련된 기내식음료서비스는 승객에 의해 평가되는 항공사의 전체적인 서비스의 질을 좌우하는 역할을 한다.

과거에는 좌석 등급과 노선의 길이에 따라 규격화되고 일관된 메뉴로 제공되던

기내식음료가 최근에는 가장 고급화, 차별화되어 특색 있게 경쟁하고 있는 부문이라 할 수 있다.

국내에 취항하는 외항사들도 국내 고객의 비중도를 감안하여 고추장을 곁들인 한식과 면류의 식사를 제공하기 시작했으며, 국적 항공사들은 기내용으로 개발한 고급화된 한식을 경쟁적으로 서비스하고 있다.

일등석과 비즈니스석에서는 격조 높은 고급호텔 레스토랑 수준의 정통 서양식 코스별 식음료서비스로 Menu와 Wine, 음료, 식기류 등에 있어서 최상위 Class에 부합하는 고급화, 차별화된 서비스를 제공한다. 특히 일등석 승객을 위한 한식 메뉴는 계절별 별미에서 한정식, 궁중요리, 죽류에 이르기까지 점차 다양해지고 있으며, 취항지의 특성을 살린 양식, 중식, 일식 메뉴를 비롯하여 전통주, 승객 기호에 맞는 제조커피 등이 제공된다.

그 외 승객이 예약할 때 주문하는 종교, 건강, 기호에 따른 특별식과 어린이를 위한 다양한 유아식도 제공된다.

5) 오락물(음악 및 영화)

승객은 항공기 내에서 기종과 등급에 따라 다양한 시스템의 형태로 기내 오락 프로그램을 이용할 수 있다. 기내 스크린을 통해 제공되는 에어쇼(Air Show)는 승객의 편안하고 즐거운 여행을 위하여 비행 중 항공기의 항로, 고도, 외부 온도, 잔여 시간 등 다양한 종류의 비행관련 정보를 컴퓨터 그래픽 화면으로 처리하여 기내 스크린을 통해 안내한다. 또 비행 중 안내방송을 통해 운항에 관한 정보를 다양한 언어로 적절히 제공하고 있다.

기내 음악은 고전, 모던재즈, 주요 국가의 대중음악 및 자국의 대중가요 등 10개 내외의 채널에서 제공되고 있으며, 영화는 최신 프로그램을 노선과 비행소요 시간에 따라 차등을 두어 상영하고, 그 외 뉴스, 스포츠, 다큐멘터리 제작물 등도 영어, 자국어, 취항국의 언어로 제공된다.

특히 항공사별 기종 및 좌석 등급에 따라 제공되는 AVOD(주문형 오디오/비디오, Audio & Video On Demand) 서비스는 좌석에 장착된 개인 모니터를 통해 최신영화,

다큐멘터리, 스포츠, 드라마, 세계음악, 최신가요, 게임 등 원하는 프로그램을 선택하여 감상할 수 있는 첨단 멀티미디어 시스템이다.

6) 통신시설

대부분의 선진 항공사들은 일부 기종에 최신 설비인 기내 전화를 장착하여 통신위성을 이용, 비행 중 언제나 전 세계 전화통화가 가능하도록 하여 승객의 편의를 도모하고 있다.

또 일부 항공사에서는 이외에 팩스, 인터넷, 기내 문자메시지 전송서비스 등도 운영하고 있으며, 항공기에서 별도의 충전기 없이 개인용 컴퓨터 사용이 가능하도록 좌석 내 사용전원(In-Seat Power Supply System)이 설비되었다.

7) 면세품 판매

국제선 항공 편에서 승객의 편의를 위해 술, 담배, 향수, 화장품 등 세계 유명상품을 면세가격으로 구입할 수 있도록 면세품 판매를 실시하며, 항공사에 따라 사전 주문예약 서비스도 제공하고 있다.

이는 승객들에게 편의를 제공함과 동시에 항공사의 수익을 올리는 데 일익을 담당하고 있다.

8) 기타

(1) 독서물 서비스

장거리 항공여행 때 대부분의 승객이 느끼게 되는 제한된 공간의 답답함과 활동의 욕구를 해소하기 위한 흥밋거리를 제공하기 위하여 항공사별 자체 기내지를 비롯하여 국내외 시사지, 일간지, 잡지, 베스트셀러를 위주로 소설, 비소설, 만화책, 동화책 등을 제공하고 있다. 그 외 외국인 승객을 위한 영어, 일본어 도서 등도 구비하고 있다.

(2) 어린이, 유아를 위한 서비스

탑승한 어린이를 위하여 장난감 등의 Giveaway 가 선물로 제공되며, 유아를 위한 이유식과 젖병, 기저귀 등이 준비되어 있다. 또 객실 내에 착탈식 유아용 요람(Baby Bassinet)을 구비하고 있으며, 화장실 내에는 기저귀를 바꾸기 편리하도록 보조판 (Baby Diaper Panel)을 장착, 운영한다.

(3) 기타 서비스

- 승객이 사용한 기내에서 제공되는 엽서 및 편지지 등의 우편물 발송 서비스도 가능하며, 고객 제언서(Comment Letter) 용지가 항상 객실 내에 비치되어 불편 사항이나 서비스 향상을 위한 승객의 의견을 접수, 서비스에 반영하고 있다.
- 기내 좌석 공간이 협소해서 발생한 일반석 증후군(Economy Class Syndrome)에 대비한 음료 및 체조 서비스 등을 제공하기도 한다.
- **장애인용 설비** : 장애인 승객의 편의를 위해 일부 기종의 모든 통로 측 좌석을 우선 배정하며, 일부 기종에서는 팔걸이가 뒤로 젖혀지도록 하여 이동이 쉬운 장애인 좌석을 운영하거나 장애인용 화장실이 설비되어 있다.
- **특별 서비스** : 대한항공은 상위클래스의 경우 편의복 제공, Wake-up 서비스, 승무원이 유명 미술관, 박물관의 작품 감상법을 안내하는 문화 예술 가이드서비스 등을 제공하고 있다. 아시아나 항공의 경우도 마술쇼, 생일축하 생음악 공연, 칵테일 쇼, 만화 및 얼굴 그림 그리기, 사진촬영 및 E-mailing 서비스 등의 Flying Magic Service와 메이크업, 마스크팩 서비스를 제공하는 Charming 서비스 등 다양한 특별서비스 프로그램을 운영하고 있다.

2. 인적 서비스

서비스 품질은 종사자가 어떠한 태도와 방법으로 서비스를 제공하는가에 따라 최종적인 고객만족에 밀접한 영향을 미친다고 할 수 있다. 항공기 내에서 서비스를 제공하는 승무원들의 행위나 태도가 승객이 지각하는 서비스 품질에 결정적인 역할을 하게 되므로, 승객을 만족시킬 수 있는 최선의 방법은 현장에서 직접 승객과

마주하는 승무원 태도의 향상을 통해 서비스
성과를 높이는 것이라고 할 수 있다.

객실승무원은 승객이 안전하고 쾌적하게 목
적지까지 무사히 도착할 수 있도록 이를 실행
하는 중요한 역할을 맡고 있다. 또 승객들에게
가장 가까운 거리에서 직접적인 서비스를 제공
하기 때문에 곧 항공사의 이미지로 연결된다.

기내서비스는 지상에서의 서비스와는 달리
제한된 공간과 시간 속에서 각양각색의 승객

들을 응대하므로 그들의 사회문화적 환경과
개개인의 기호를 고려한 다양한 서비스를 제
공해야 한다는 어려움이 있다.

그러므로 유연하게 의사소통을 할 수 있는 외국어 능력, 장시간·비행 동안 고객
을 응대하면서도 결코 잃지 않는 미소, 여행지와 항공운항에 관한 풍부한 지식과
정보의 소유, 상대방을 배려하는 친절 등 서비스의 꽃인 객실승무원이 갖추어야
할 덕목은 끝이 없다.

과거의 기업들은 대부분 서비스 정책에 있어서 물적인 면을 강조하며 근무규정
이나 방법, 정해진 규칙 등을 중요시하는 경향이었다. 실제 서비스 개선을 위한
회사의 비용 지출은 물적인 면의 변화에 많이 투자되어 왔으며 실제로 가시적인
효과가 있기도 하다. 그리고 좋은 물적 서비스 없이 고객만족을 기대하기 힘든
것이 사실이다.

그러나 최근 들어 서비스맨의 서비스 마인드, 태도 등 인적 서비스의 중요성이
강조되고 있다. 종종 서비스에 관한 불평을 들었을 때 그 대부분의 이유는 고객이
인적 서비스에 만족치 못했을 때가 많다. 실제로 어느 국내 항공사의 고객의견서
내용을 분석해 보면 불만과 칭송의 대부분이 승무원의 인적 서비스와 관련되어
있음을 알 수 있다.

고객은 불만을 표출하기 위해 객관적으로 증거가 될 수 있는 물적 서비스의

결점을 찾을 것이다. 그러나 대체로 인적 서비스가 충분히 좋다면 그들은 불평하지 않는다. 즉 진정한 서비스는 인적 서비스가 제 가치를 발휘할 때 그 진가가 나타나는 것이다. 그러므로 서비스에 대한 고객만족의 여부는 바로 가치 있는 인적 서비스를 수행하는 서비스맨에게 달려 있다.

3. 비행 안전

승객에게 제공되는 가장 근본적인 중요한 서비스 사항은 승객이 항공기 탑승 전 가지게 되는 항공기에 대한 의식적·무의식적인 불안감 등을 해소하고 안전하고 편안한 여행을 하도록 하는 서비스이다.

1) Safety Demonstration

비상시 승객이 사용하게 될 비상구 위치, 좌석 벨트, 산소마스크와 구명복에 대한 사용법을 설명함으로써 예기치 않은 기류변화 등 비상사태에 대비하도록 시범 및 비디오 상영을 통해 안내하며, 비행 중 필요시 수시로 좌석 벨트 안내방송 등을 실시한다.

2) 객실 내의 비상장비

비행 중 비상시에 대비하여 각종 소화기, 산소통 등이 객실 내에 비치되어 있으며, 그 외 비상착륙 및 착수 시에 대비하여 항공기 탈출용 미끄럼대인 Escape Slide를 비롯하여 구명보트 역할을 해주는 Life Raft, 확성기(Emergency Megaphone), 구조 신호용 라디오비컨(Radio Beacon) 등의 비상장비가 항공기 내에 장착되어 있다.

또한 기내에는 소화제, 진통제 등 간단한 의약품뿐만 아니라 응급환자 발생 시 승객 중 의사가 있을 때 사용할 수 있는 수술도구 및 각종 구급약품이 탑재된다.

또 최근 일부 항공사에서는 심장마비를 일으킨 환자의 심장에 전기적인 충격을 주어 심장기능을 소생시켜 주는 응급 의료기구(제세동기)도 탑재 운영하고 있다.

항공기가 대중 교통수단으로 일반화됨에 따라 항공사가 분류하는 '기내난동사고'는 이제 흔히 볼 수 있으며 점차 증가되고 있는 추세이다. 문제는 이러한 기내난동이 단순히 주변 승객의 기분을 상하게 만드는 비이성적 행위일 뿐 아니라 승객의 안전과 비행안전을 위협하는 심각한 요인으로 작용하고 있다는 점이다. 국내 항공사의 경우도 기내난동행위 발생은 매년 급증 추세에 있는 것으로 조사되고 있으며, 승객의 안전을 확보하기 위해서 난동행위 발생 방지와 대응에 필요한 승무원 훈련이 강화되고 있다.

기내식음료의 이해

최근 들어 기내식에 한식이 보급되고 항공사별로 각국의 다양한 메뉴가 도입되고 있으나, 원칙적으로 기내식음료의 구성은 서양 식음료를 근간으로 하고 있다. 그러므로 객실승무원은 자신감 있고 품위 있는 세련된 서비스를 위해 서양식음료에 대한 기본적인 지식을 습득하는 것이 필수적이다.

제1절 서양 식음료

1. 서양식의 이해

1) 서양식의 특성

서양요리에서는 프랑스 요리가 그 정통성으로 인하여 세계적으로 가장 유명하며, 그 진가를 인정받고 있다.

서양식은 일반적으로 한상차림 형태의 한식과는 달리 Course별로 식단이 짜여 제공된다. Couse별 식사의 양은 Light-Heavy-Light로 구성되어 있으며, 식사의 맛 또한 식욕을 촉진시킬 수 있는 Dry한 맛에서 소화를 도와주는 Sweet한 맛의 순서로 구성되어 있다.

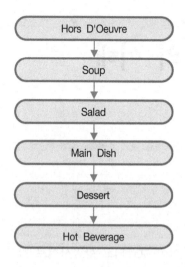

```
┌─────────────────────┐
│   Hors D'Oeuvre     │
└─────────────────────┘
          ↓
┌─────────────────────┐
│       Soup          │
└─────────────────────┘
          ↓
┌─────────────────────┐
│       Salad         │
└─────────────────────┘
          ↓
┌─────────────────────┐
│     Main Dish       │
└─────────────────────┘
          ↓
┌─────────────────────┐
│     Dessert         │
└─────────────────────┘
          ↓
┌─────────────────────┐
│    Hot Beverage     │
└─────────────────────┘
```

2) 서양식 Dinner의 Course별 이해

(1) Hors D'Oeuvre(Appetizer)

■ 특성

- 식사 순서에서 제일 먼저 제공되는 요리로서 양보다는 질을 중요시하며, 색채와 장식이 아름답고 화려한 것이 특징이다.
- 신맛, 짠맛이 가미됨으로써 타액의 분비를 촉진시켜 식욕을 돋우어주는 음식으로 주요리와 재료가 중복되지 않도록 균형이 고려되어야 한다.
- Caviar : 철갑상어의 알로서 Hors D'Oeuvre Menu 중 가장 대표적인 고급 음식이다. 단백질, 비타민 등의 영양소를 많이 함유하고 있으며, 콜레스테롤을 전혀 만들어내지 않는 100% 완전 흡수 식품이다. 주로 달걀과 양파, 레몬을 곁들여서 먹거나 얇은 토스트 위에 버터만 발라 Caviar를 얹어서 먹는다.
- Foie Gras : 거위나 오리의 간을 살짝 익힌 요리로 Truffle(송로버섯)과 잘 어울

리며, 차게 해서 먹는다.

- Smoked Salmon : 훈제연어로 주로 Lemon, Onion, Caper 등과 함께 먹는다.
- Smoked Ham : 훈제된 햄으로 주로 Melon Ball과 함께 먹는다.
- Canape : 얇고 작게 자른 빵조각 위에 여러 가지 재료(Caviar, Foie Gras, Smoked Salmon, Ham, Cheese 등)를 얹어서 만든 요리이다.

  그 외 Crab Claw(삶은 게의 집게발), Shrimp 등의 Seafood류도 있다.

(2) Soup

- Soup는 서양식에서 유일하게 국물이 있는 요리로 육류, 조류, 어패류 또는 야채 등을 고아낸 국물로 만든다. 일반적으로 Soup는 Dinner와 함께 제공되는 경우가 많으며, 주로 Soup와 빵이 함께 나온다.
- 위벽을 보호하며 알코올에 대한 저항력을 강화해 주는 역할을 하므로 주요리 전에 제공되어 식욕을 돋우고, 이어지는 음식의 소화를 돕는다.
- Soup의 종류에는 맑고 투명한 Clear Soup(Consomme)와 전분이 함유되어 걸쭉한 Thick Soup(Potage)가 있다.

(3) Bread

- 혀에 남은 맛을 씻어주어 Course별로 서비스되는 음식 고유의 맛을 즐길 수 있도록 해주는 역할을 하며, Dessert Course까지 계속 제공된다.
- Dinner Bread로 Hard Roll, French Baguette, Rye Bread, Garlic Bread 등이 있다.

(4) Salad

- 생야채에 식물성 기름과 식초를 주재료로 하여 여러 가지 양념을 섞어 만든 드레싱을 얹어 먹는 알칼리성 식품이다.
- 육식을 중화시키는 역할을 하며, 가볍고 신선한 미각으로 주요리와 조화를 이루는 음식이다.

- Dressing의 종류로는 French Dressing, Italian Dressing, Thousand Island Dressing이 있다.

  ▶ Salad의 4C : Clean, Cool, Crispy, Colorful

(5) Main Dish

Main Dish는 Entree, Starch, Vegetable로 구성되어 있으며, Entree로 통칭되기도 한다.

■ Entree

Meat류(Beef, Veal, Lamb), Seafood류(Fish, Shellfish), Poultry류(Chicken, Duck, Turkey) 등이 있으며, Sauce와 함께 곁들여진다.

Beef를 이용한 Steak의 종류

1. Tenderloin(안심)을 이용한 Steak
- Chateaubriand(샤토브리앙) : 안심의 가장 좋은 부위로 최고급 Steak로 칭한다.
- Tournedos(투르네도) : 주로 얇게 저민 돼지비계나 베이컨을 감아 요리된다.
- Fillet Mignon(필레 미뇽) : 예쁜 소형의 안심 스테이크라는 의미로, Tournedos 다음 부분으로 고기가 연하며, 역시 고급 Steak로 애호된다.

2. Sirloin Steak
갈비 아래쪽에 붙은 등심으로서 안심보다는 육질이 약간 질기고 고소한 맛을 지닌 Steak이다.

3. T-Bone Steak
한 개의 뼈를 사이에 두고 한쪽에는 Fillet, 다른 한쪽에는 Sirloin이 붙어 있어 하나의 Steak에서 두 부위의 맛을 볼 수 있는 Steak이다.
뼈가 T자 모양을 하고 있어 T-Bone Steak라고 불린다.

4. New York Steak
소의 13번째 갈비에서부터 허리 끝까지 왼쪽 뼈 끝 사이의 척추 위에 붙은 살로 만든 Steak를 말한다. 모양이 New York 도시의 Manhattan을 닮았다 하여 New York Steak란 이름이 붙었다.

Halibut(큰가자미) / Turbot(가자미) / Sole(혀가자미)
Salmon(연어)
Sea Bream(도미)
Cod(대구)
Trout(송어)
Shrimp(새우) / Prawn(큰새우)
Crab(게)
Oyster(굴)
Lobster(바닷가재)
Clam(대합)
Scallop(가리비조개)

■ Starch

전분이 함유되어 있는 재료로 만든 밥, 감자, 국수 등을 말한다.

■ Vegetable

당근, 브로콜리, 아스파라거스 등을 곁들이는 더운 야채를 의미하며, 조리 시 풍미나 향이 훼손되지 않아야 한다.

(6) Dessert

Cheese, Fruits, Sweet Dish를 모두 포함하나 일반적으로 Sweet Dish가 Dessert로 불리고 있다.

■ Cheese

• 주로 우유나 양, 산양 등의 젖을 응축시킨 대표적인 단백질 식품으로 지방, 칼슘 등을 함유한 고영양식품이며 소화도 잘된다.
• 제조방법, 생산지, 숙성 정도 등에 의해 각 Cheese마다 맛과 향이 다르고 각기 고유의 특색을 지니고 있다.
• Cheese는 실온으로 먹어야 그 향과 맛을 제대로 즐길 수 있으므로 Natural

Cheese는 Cheese 내면이 공기와 접촉하여 그 맛과 향이 살아날 수 있도록 작은 조각으로 잘라서 먹으며, Wine과 잘 어울리는 음식이다.

• Camembert, Brie(프랑스), Emmenthal, Gruyere(스위스), Parmesan(이탈리아), Edam, Gouda(네덜란드), Cheddar (영국) 등이 대표적인 Cheese의 종류이다.

● 대표적인 Cheese의 종류와 특성

Cheese명	맛과 향	특징
Camembert (카망베르)	부드러운 맛	내부는 노란빛의 Cream색이며, 외부는 단백질의 흰곰팡이로 덮여 있다.
Brie (브리)	부드러운 맛	표면에 붉은빛이 나는 흰곰팡이가 덮여 있다. Camembert와 비슷하며, 더 강한 맛의 Cheese이다.
Emmenthal (에멘탈)	약간 단(Sweet) 호두맛	스위스의 대표적인 치즈로 표면에 구멍(Cheese Eye)이 많이 나 있다.
Gruyere (그뤼에르)	Emmenthal보다 약간 강한 맛	Emmenthal과 같은 종류로 구멍의 크기가 작다.
Parmesan (파르메산)	고소하고 약간 짠맛	주로 분말로 만들어 사용하며 Salad, Spaghetti에 많이 사용된다.
Edam (에담)	부드러운 맛이 나며 약간 짠맛	빨간 표피로 덮여 있어 빨간 공이라 불린다.
Gouda (고다)	Edam보다 부드러운 맛	Edam과 비슷한 빨간 표피로 덮여 있다. 지방이 Edam보다 많고 매끄러우며 탄력이 있다.
Boursin (부르생)	Creamy하고 독특한 향내가 남	70% 정도의 지방을 함유하고 있으며, Parsley나 Black Pepper를 묻히기도 한다.
Cheddar (체더)	약간 신맛이 나며 부드러움	부담 없는 맛으로 누구나 좋아하는 Cheese로서 흰색과 노란색이 있다.
Gorgonzola (고르곤졸라)	코를 찌르는 강한 냄새	청록색 결이 퍼져 있는 이탈리아의 대표적인 푸른 곰팡이 치즈
Stilton(스틸턴)	반경질의 감미로운 푸른곰팡이 치즈	양질의 Cow's Milk가 주원료로 지방이 많고 숙성 기간이 길다.

■ Fruits

계절 감각이 드러나는 풍성함과 화려함으로써 Dessert 코스의 신선함을 제공하는 역할을 한다.

■ Sweet Dish

시각적인 측면이 고려되어 색깔, 장식 등이 섬세하게 만들어진 요리로서 특히 식사를 화려하게 장식해 주는 역할을 한다. Ice Cream, Pie, Jelly, Pudding, Mousse, Sherbet, Petits Fours(작은 쿠키나 케이크) 등이 있다.

3) 서양식 Breakfast Menu

서양의 아침 요리는 각 나라의 식문화에 따라 차이가 있다. 예를 들면 영국에서는 아침식사로 생선 Fry와 홍차, 프랑스에서는 카페오레와 빵, 그리고 미국에서는 과일주스로 시작하여 Grill요리까지 다양하게 즐겨 먹고 있다.

(1) Breakfast Course의 구성

■ Continental Breakfast

영국을 제외한 유럽식의 조식을 의미하며 Croissant, Brioche 등 Breakfast Roll과 Coffee, Tea, Milk, Juice 등의 음료만으로 이루어진 간단한 식사이다. 감자요리나 달걀, 소시지 등의 일품요리(À La Carte)를 추가하기도 한다.

■ American Breakfast

미국에서 비롯된 아침 메뉴로 Continental Breakfast에 비해 가짓수가 많다. 과일주스로 시작하여 Cereal류, Breakfast Roll/Toast and Jam, Egg요리, Coffee, Milk/Tea 등으로 구성되어 있다.

(2) Breakfast Menu의 종류와 특성

■ Breakfast Roll

아침 빵은 식사의 개념으로 먹으며, 보통 따뜻하게 해서 먹는다. Croissant, Brioche, Muffin, Danish Roll, Coffee Cake 등이 있다.

■ Fruit Juice

여러 가지 종류가 있으나 아침에는 주로 Orange, Apple, Grapefruit, Tomato, Apricot Juice 등을 신선하게 마신다.

■ Fruit

과일은 Breakfast에서는 전채의 의미로 먹으며, 신선한 생과일이나 통조림으로 가공된 과일이 있다.

■ Cereal and Yoghurt

Cereal은 곡물을 튀기거나 가공한 것으로 우유, 설탕 등과 함께 먹는다. Yoghurt 는 우유에 유산균을 넣어 걸쭉하게 응고시킨 유동식으로서 과일, 향료, 당분 등이 첨가되기도 한다.

■ Main Dish

Breakfast의 Main Dish는 주로 달걀이 사용되며, 달걀과 잘 어울리는 Mixed Grill과 Starch, Vegetable이 함께 곁들여진다.

- Egg Dish : Omelette, Scrambled Egg, Poached Egg, Boiled Egg 등
- Mixed Grill : Ham, Bacon, Sausage 등의 Pork류와 소형 Steak인 Minute Steak가 있다.
- Starch : Hash Brown(Potato), Sweet Potato 등
- Vegetable : Tomato, Mushroom 등

2. 서양음료의 이해

1) Alcoholic Beverage

Alcoholic Beverage란 알코올을 함유한 음료를 말하며, 우리가 술이라고 부르는 종류의 음료가 모두 포함된다. Alcoholic Beverage는 제조법과 마시는 시점에 따라 다음과 같이 분류할 수 있다.

(1) Alcoholic Beverage의 분류

■ 양조법에 따른 분류

① 양조주(Fermented Liquor)

곡물의 녹말이나 과일의 당분을 발효시켜 여과한 술로서 Wine, Beer, 막걸리, 청주 등이 여기에 속한다.

② 증류주(Distilled Liquor)

양조주를 증류하여 알코올 농도를 진하게 만든 술로서 Whisky, Vodka, Brandy, 중국의 고량주 등이 여기에 속한다.

③ 혼성주(Compounded Liquor)

증류주에 다른 종류의 술을 혼합하거나 약초, 식물의 뿌리, 열매, 과즙, 색소, 향 등을 첨가하여 만든 술로서 Liqueur, Gin 등이 여기에 속한다.

■ 마시는 시점에 따른 분류

① 식전주(Aperitif)

식욕을 돋우기 위한 달지 않은 음료로 시원하게 마신다. Cocktail, Champagne 등

② 식중주

알코올 농도가 낮고 혀나 위에 자극을 주지 않는 종류로 마신다. Wine,

Beer 등

③ 식후주

식후 소화를 돕는 역할을 하는 것으로 알코올 농도가 높고 감미로운 술이 애용된다. Liqueur, Brandy 등

(2) Alcoholic Beverage의 종류

■ Beer

① Beer의 특성

보리를 발아시켜 Hop와 함께 발효시킨 양조주로 영양분이 많고 알코올 농도가 낮다. 맥주는 탄산가스의 청량감을 즐길 수 있도록 차게 마시는 것이 좋으나 너무 차면 맛을 제대로 느낄 수 없고, 온도가 높으면 맥주의 탄산가스가 모두 증발해 버리고 거품이 많이 나오므로 적당히 차게 해서 마셔야 한다.

> ▶ 맥주의 거품은 탄산가스의 유출을 방지하여 계속 신선한 맛을 유지시켜 주는 역할을 하므로 거품과 함께 마신다.

② Beer의 종류

* Draft Beer : 살균하지 않은 생맥주이기 때문에 신선한 풍미가 살아 있지만 저온에서 운반, 저장해야 하며 빨리 소비해야 한다.
* Lager Beer : 제조 후 저온 살균하여 효모의 활동을 중지시킨 다음 병이나 캔에 넣어 오랜 기간 동안 저장할 수 있도록 만든 것이다.
* Stout Beer : 태운 캐러멜을 넣어 쓴맛이 강하고 알코올 성분이 강한(8~11도) 흑맥주이다.

■ Whisky

① Whisky의 특성

곡물(옥수수, 호밀, 보리, 밀)을 발효시켜 증류한 것을 Oak통 속에서 저장,

숙성시킨 것으로서 대표적인 증류주이다. 생산지별로 고유의 풍미와 특성을 가지고 있다.

Straight로 마시거나 얼음과 함께 On the Rocks로 마시며, Manhattan, Whisky Sour, Bourbon Coke 등 칵테일의 Base로도 애용된다.

② Whisky의 종류

- Scotch Whisky : 스코틀랜드에서 제조되는 위스키로 위스키의 대명사로 불린다. 맥아를 사용해서 만든 Malt Whisky, Malt Whisky와 Grain Whisky를 혼합하여 마시기 좋게 한 Blended Whisky가 있다.
- American Whisky : Bourbon Whisky라고도 하며, 켄터키주 Bourbon 지방에서 옥수수를 주원료로 하여 만든 것으로 시작되었다.
- Canadian Whisky : Rye Whisky와 옥수수로 만든 위스키를 섞어서 제조한 위스키로 특유의 부드럽고 경쾌한 맛이 있다.
- Irish Whisky : 아일랜드에서 생산되는 위스키로 보리를 주원료로 하며, 향기가 진하고 중후한 맛이 특징이다.

■ Wine

① Wine의 특성

넓은 의미로 과일의 천연 주스를 발효시킨 발효주를 의미한다. 일반적으로 포도로 만든 것을 말하며, 병입 후에도 발효가 계속된다. 포도 수확연도에 따라 향취와 맛의 차이가 난다.

산성 식품을 중화시키는 역할을 하여 육식을 주로 하는 서양인들의 식탁에 빠져서는 안될 중요한 존재로 여겨지고 있다.

② Wine의 분류

- 색에 따른 분류
  - Red Wine : 적포도의 껍질에서 색소를 착색시켜 만든다.

- White Wine : 청포도나 적포도를 사용하며, 착색되지 않도록 껍질을 제거하여 만든다.
- Rose(Pink) Wine : 적포도의 껍질에서 색소가 적당히 착색되었을 때 껍질을 분리하여 만든다.

• 당도에 따른 분류
- Dry Wine : 양조 시 당분이 남아 있지 않도록 완전히 발효시켜 만든다.
- Sweet Wine : 양조 시 당분이 적당히 남아 있을 때 발효를 중지시킨다.

• 생산지에 따른 분류
- 프랑스 Wine : Bordeaux, Burgundy, Champagne, Alsace Wine 등
- 미국 : California Wine
- 이탈리아 : Chianti Wine
- 독일 : Rhein, Mosel Wine
- 스페인 : Sherry Wine
- 포르투갈 : Port Wine

• 제조법에 따른 분류
- Still Wine(Table Wine) : 발효 시 발생되는 탄산가스를 제거시켜 만드는 비발포성 와인으로 보통 식탁에 올리는 일반 와인을 일컫는다.
- Sparkling Wine(발포성 와인) : 발효 시 발생하는 탄산가스를 그대로 함유시킨 것으로 보통 Champagne이라고 한다.
- Fortified Wine(강화 와인) : 와인을 제조하는 과정에 브랜디 등을 첨가하여 알코올 도수를 높인 것으로 스페인의 Sherry, 포르투갈의 Port Wine 등이 있다.
- Aromatized Wine(방향 와인) : 독특한 향신료, 약초 등을 첨가하여 향미를 좋게 한 것으로 프랑스의 Dry Vermouth, 이탈리아의 Sweet

Vermouth 등이 있다.

③ Wine의 보관

공기와 접촉한 와인은 점점 산화하여 부패하게 되므로 와인병을 눕혀두어야 코르크가 마르지 않고 촉촉이 젖어 있어서 외부의 공기가 병 속에 침입하는 것을 막을 수 있다.

또한 빛, 고온, 진동은 와인의 산화를 촉진시키므로 보관 시 유의한다.

④ Wine의 Chilling과 Breathing

와인을 마시는 절대 온도라는 것은 없으나 와인은 독특한 풍미를 가지고 있으므로 이를 제대로 잘 살려주는 온도에서 제 맛을 느낄 수 있다. 그러므로 그 고유의 맛과 향을 최상의 상태로 즐길 수 있도록 각각의 특성에 따라 적정온도에 맞게 Chilling, Breathing한다.

Breathing

와인을 마시기 전 미리 코르크를 제거하여 일정 기간 숨을 쉬게 하는 것으로서 이것은 오랜 기간 숙성되면서 만들어진 병 속의 이상한 맛과 거칢이 공기와 접촉하여 순화되고 부드러워지도록 하는 것이다.

구 분	Red Wine	White Wine (Rose Wine, Beaujolais Nouveau 포함)
온 도	섭씨 15~20도	섭씨 6~12도
Breathing	약 30분 정도	약 10~30분 정도

⑤ Wine Tasting

좋은 와인을 결정짓는 요소는 특유의 맛과 향이다. 따라서 와인을 마시기 전에 맛과 향을 시음하는 절차를 거치는데 이를 Wine Tasting이라고 한다. 즉 와인을 마시기 전 잔을 들어 빛깔과 투명도(Appearance)를 감상하고 잔을 흔들어 향기 (Bouquet)를 맡은 다음 한 모금(Taste)을 삼켜 입 안에서 굴린 뒤에 삼킨다.

- 선택한 와인의 라벨을 보여드린다.
- 글라스의 1/4~1/3 정도 따라 시음을 유도한다.
- 만족 여부를 확인한 후 글라스의 2/3 이하로 따른다.

⑥ Wine의 Label 이해

와인의 라벨은 와인의 얼굴이라고 할 수 있다. 라벨의 내용에는 포도 품종, 포도 수확연도(Vintage), 생산지, 소유자, 와인의 등급, 알코올 도수, 와인의 용량 등 그 와인에 대한 전반적인 사항이 표기되어 있으므로 일반적으로 와인의 라벨만 보고서도 그 와인에 대한 이해와 품질 파악이 가능하다.

⑦ Wine과 음식의 조화

서양식의 Course별 식사가 Light-Heavy-Light, 또는 Dry-Sweet로 진행되는 흐름에 따라 제공되는 와인의 특성도 함께 조화를 이루도록 한다.

일반적으로 Red Meat류는 Red Wine이 잘 어울리며, 굴이나 새우, 생선요리, White Meat에는 White Wine이 잘 어울린다. 과일이나 푸딩같이 단 음식에는 Sweet한 와인이, 달지 않은 음식에는 Dry한 와인이 어울린다.

■ Brandy

① Brandy의 특성

과일의 발효액을 증류시킨 것으로 와인을 증류시켜 만든 술이다. 식후주로 많이
애용되며, 이때 브랜디 특유의 향을 즐길 수 있도록 입구가 좁고 볼록한 튤립(Tulip)
모양의 잔에 담아(1oz 정도) 상온에서 주로 스트레이트로 마신다.

라벨에 숙성기간을 V.S.O.P, X.O. 등으로 표기하는 것이 특징이다.

Cognac과 관련된 부호

- ★★★ : 숙성기간 3년
- V.O.(Very Old) : 숙성기간 3~5년
- V.S.O.(Very Superior Old) : 숙성기간 12~15년
- V.S.O.P.(Very Superior Old Pale) : 숙성기간 15~20년
- X.O.(Extra Old) : 숙성기간 30~50년
- Napoléon : 숙성기간의 의미보다는 '특제품'의 의미가 크며, 자사제품 중 자신 있는 제품에만 붙인다.

② Brandy의 명산지

브랜디는 와인이 생산되는 곳이면 어디서나 만들 수 있으며, 와인과 마찬가지로
프랑스의 명주이다.

- Cognac 지방 : 브랜디와 동일한 의미로 통용되고 있으나 프랑스 Cognac
  지방에서 생산되는 브랜디만을 Cognac이라고 한다.

- Armagnac 지방 : 프랑스 Armagnac 지방에서 생산되는 브랜디를 Armagnac
  이라고 한다.

- Calvados 지방 : 프랑스 북부 노르망디에 있는 Calvados 지역의 특산물로
  서 사과로 만든 브랜디를 Calvados라고 한다.

■ Gin

증류주에 Juniper Berry(노간주나무 열매)의 향미를 추출, 혼합하여 제조된 혼성주로서 숙성시키지 않은 술이다.

진은 스트레이트로 마시기도 하지만 Dry Martini, Tom Collins, Gin Fizz 등 칵테일의 재료로 쓰이기 시작하면서 대중화되었다.

■ Vodka

곡물을 이용하여 만든 증류주로서 증류 후 활성탄에 여과한 술로 무색, 무취, 무향이 특징이다.

러시아와 폴란드에서 발달된 술로서 Caviar 등 맛이 강한 Appetizer와 함께 Freezing시켜 스트레이트로 소량(1oz) 마시는 것이 전통적인 방식이며, Screw Driver, Bloody Mary 등 칵테일의 재료로도 널리 애용된다.

■ Rum

사탕수수에서 얻은 당밀을 원료로 하여 만든 증류주이다. 생산지역에 따라 밝은 색이 나고 향미가 약한 것에서부터 짙은 색에 코를 찌르는 강한 향미를 가진 것까지 종류가 다양하다.

특유의 향미를 가지고 있어 스트레이트로 마시며, 다른 재료와 쉽게 섞이는 특성 때문에 Rum Coke, Mai Tai, Pina Colada 등의 칵테일로도 즐긴다.

■ Liqueur

Liqueur는 혼성주의 일종으로 증류주를 서로 섞거나 재증류하고 여러 가지 약초, 식물의 뿌리, 꽃, 씨앗 등을 용해하여 향미가 나도록 한 것이다.

비교적 알코올 성분이 강하고 설탕이나 향료가 함유되어 있어 식후주로 가장 널리 애용되며, 칵테일의 재료로도 사용된다.

대표적인 Liqueur의 종류로는 Benedictine, Cointreau, Creme de Menthe, Drambuie, Grand Marnier, Creme de Cassis 등이 있다.

2) Cocktail

(1) Cocktail의 특성

- 두 가지 이상의 술을 섞거나 부재료를 혼합해서 마시는 알코올 음료이다.
- 알코올 도수가 낮아 식욕을 증진시켜 주므로 식전주로 적합하다.
- 맛, 향기, 색채의 조화로 분위기를 창출하는 예술적인 음료라고 할 수 있다.

(2) Cocktail의 기본 요소

- Base : 칵테일의 기본이 되는 술(Liquor)을 말한다.
- Mixer : 칵테일의 Base와 섞이는 음료로 Soda Water, Ginger Ale, Tonic Water 등이 있다.
- Garnish : 칵테일의 맛을 더하거나 돋보이게 하기 위해 장식하는 것으로 Lemon, Orange, Olive, Cheery, Pineapple 등이 있다.
- Seasoning : Tabasco Sauce, Worcestershire Sauce, Pepper, Salt 등의 양념을 말한다.

○ 주요 칵테일 제조법

칵테일명	Ice	Base	Mixer	Garnish	제조법
Scotch Soda	○	Scotch Whisky 1.5oz	Soda Water	–	Stir
Vodka Tonic	○	Vodka 1.5oz	Tonic	–	Stir
Bourbon Coke	○	Bourbon Whisky 1.5oz	Coke	–	Stir

Manhattan	○ ✕	Bourbon Whisky 1.5oz	Sweet Vermouth 0.7oz	Cherry	Straight로 주문할 때에는 글라스에 Strain한다.
Whisky Sour	✕	Blended Whisky 1.5oz	Lemon/J 0.3oz	Lemon/S Cherry	Sugar 1T/S을 넣고 저은 후, 얼음을 넣고 차게 하여 글라스에 Strain한다.
Gin Fizz	○	Gin 1.5oz	Lemon/J 0.3oz Soda Water	Lemon/S	Sugar 1T/S을 넣고 저은 후, 얼음을 넣고 차게 하여 얼음 3~4개를 넣은 Glass에 Strain한 후 소다수를 채운다.
Gin Tonic	○	Gin 1.5oz	Tonic	Lemon/S	Stir
Martini	○ ✕	Gin 1.5oz	Dry Vermouth 0.7oz	Olive	Dry로 주문할 때에는 Gin 분량을 늘리고 Straight 는 글라스에 Strain한다.
Orange Blossom	✕	Gin 1.5oz	Orange/J 1.5oz	―	Sugar 1/2T/S을 넣고 저은 후 얼음을 넣고 차게 하여 글라스에 Strain한다.
Tom Collins	○	Gin 1.5oz	Lemon/J 0.3oz Soda Water	Lemon/S Cherry	Sugar 1T/S을 넣고 저은 후 얼음을 넣고 차게 하여 얼음 3~4개를 넣은 Glass에 Strain한 후 소다수를 채운다.
Bloody Mary	○	Vodka 1.5oz	Tomato/J	Lemon/S	Worcestershire Sauce, Hot Sauce, Salt, Pepper를 첨가하여 Stir한다.
Screw Driver	○	Vodka 1.5oz	Orange/J	Orange/S	Stir

J : Juice   S : Slice   T/S : Tea Spoon

Stir : Glass에 재료를 넣고 천천히 젓는 방법을 말한다.

Strain : Cocktail의 Base와 Mixer를 잘 섞어 저은 후 액체만을 따르는 것을 말한다.

(3) Cocktail 제조 시 유의사항

- Cocktail은 항상 차게(4~6도) 만든다.
- On the Rocks는 2oz 정도, Straight는 1oz 정도가 적당한 양이다.
- 사용되는 얼음은 깨끗하고 단단한 것을 사용해야 하며, 얼음 넣은 칵테일은 Muddler를 같이 준비한다.
- 설탕이 들어가는 칵테일은 충분히 저어 녹인 후 얼음을 넣는다.
- 믹서가 발포성일 경우에 너무 많이 젓지 않는다.
- 장식을 위해 Garnish를 이용할 때에는 마르지 않은 것을 써야 한다.

3) Non-Alcoholic Beverage

알코올이 함유되지 않은 모든 음료를 총칭하며, Non-Alcoholic Beverage의 종류는 다음과 같다.

- Juice류 : Lemon, Lime, Grape, Grapefruit, Orange, Pine, Tomato, Guava, Apple Juice 등
- 탄산음료 : Coke, Diet Coke, 7-Up, Sprite, Diet 7-Up, Soda Water, Tonic Water, Ginger Ale 등
- Coffee류 : Roasted Coffee, Decaffeinated Coffee, Instant Coffee, Espresso Coffee 등
- 차류 : 홍차, 녹차, 우롱차, 재스민차, 둥굴레차 등
- 그 외 생수, 우유 등

1. 기내식음료 준비

기내식음료서비스는 승객이 항공사 서비스에 대해 갖는 이미지와 깊은 연관이 있으며, 수준 높고 세련된 기내식 서비스는 승객에 의해 평가되는 항공사의 전체적인 서비스의 질을 좌우하는 역할을 한다.

1) 기내식음료 제조 및 탑재

각 항공사마다 기내식음료는 승객들의 다양한 기호에 부합되는 식음료를 계획, 구입, 관리, 제조, 공급 등을 전담하는 기내식 제조회사에 의해 해당 비행기 편에 탑재된다.

엄선된 기내식음료는 대단위 승객 수를 감안하여 비행기의 탑재공간을 최소화시키고 효율적인 재활용을 위해 항공사마다 각 고유의 이미지를 살려 별도의 전용 기물을 디자인, 제작하여 사용하고 있다.

이러한 기물은 음식 담는 일인용 식기류에서부터 서빙용 쟁반(Tray), 이동식 Cart, Carrier Box 등 항공기 내의 전용 서비스 기물 및 용기를 이용하여 항공기까지 운반되며, 항공기 내부의 주방인 갤리(Galley)에 탑재된다. 기내식의 메뉴는 불특정 다수 승객들의 건강과 기호를 고려하고 식상함을 최소화시키기 위해 적정 Cycle(약 3~4개월 주기)마다 비행 노선의 특성을 감안, 승객 취향에 맞도록 조정하여 변경된다.

2) 기내식음료 관리

기내식음료가 탑재되어 보관, 관리되는 갤리(Galley)는 항상 청결하게 유지한다.

그리고 이러한 기내식음료의 서비스를 전담하는 승무원들은 기내식음료서비스 시작 전에 손을 깨끗이 닦는 등 항상 위생에 대한 의식을 가지고 서비스에 임한다.

비행 중 신선도가 필요한 모든 기내식음료는 항공기에 장착된 Chiller 장비를 이용하거나 Dry Ice를 이용하여 신선도를 유지한다.

갤리에는 오븐이나 커피 메이커(Coffee Maker), 물을 가열할 수 있는 Water Boiler System 등 기본적인 주방 시스템을 갖추고 있어 탑재된 기내식음료를 뜨겁게 제공해야 하는 것은 뜨겁게 가열하거나 데우고, 차갑게 제공해야 하는 것은 차갑게 Chilling한다.

식음료를 제공할 때에도 각 클래스별로 정해진 기물, 기용품을 사용하여 준비하게 되며, 서비스 시작 전에 기물 및 기용품의 청결도 및 상태를 점검하여 사용한다. 사용 후, 다음 편수에 인수인계할 기물이나 기용품은 세척하여 정위치에 보관한다.

2. 기내식 개요

1) 기내식의 특성

기내식은 주로 서양식이 주종을 이루나 양식 외에도 항공사에 따라 운항노선의 특성에 맞게 기내식으로 개발한 한식, 일식 및 기타 현지 메뉴도 제공되며, 비행구간 및 시간, 객실 등급에 따라 서비스 내용과 종류가 다르다.

First Class의 경우는 코스별로, Business Class의 경우는 Semi 코스 방식으로 기내식음료를 서빙 왜건 등에 담아 Presentation 서비스를 하며, 보통석에서는 Pre-Set Tray(한상차림) 방식으로 제공한다.

각 클래스별로 Main Entree는 승객의 욕구를 충족시키기 위해 상위클래스는

3~4 Choice Entree를 제공하고, Economy Class에서는 2 Choice Entree를 제공한다. 또한 승객의 선호도나 계절적 여건 등을 고려하여 메뉴를 선정하며, 주기적으로 메뉴를 변경하고 있다. 노선의 특성(비행소요시간, 승객의 국적분포 등)에 따라 식사의 메뉴나 탑재비율을 조정하여 탑재한다.

> ● Meal 서비스 횟수
> 장거리(비행 7시간 이상 Flight) : 2회 제공
> 중거리(비행 3~7시간 Flight) : 1회 제공
> 단거리(비행 3시간 이하 Flight) : 간단한 스낵류 1회 제공
>
> ● Meal Type
> Breakfast(BRF) : 05:00~09:00
> Brunch(BRCH) : 09:00~11:00
> Lunch(LCH) : 11:00~14:00
> Dinner(DNR) : 18:00~22:00
> Supper(SPR) : 22:00~01:00
> Snack, Refreshment or Light Meal(SNX) : 기타 시간

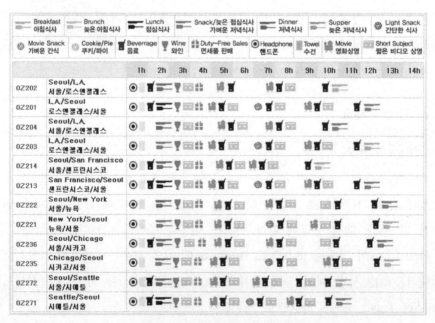

기내서비스 순서의 예(A항공사 미주노선)

기내서비스 순서의 예(K항공사 미주노선)

2) 기내식 Tray 구성(일반석)

기내식은 기본적으로 서양식을 근간으로 하고 있으며, 일반석 기내식 Tray는 서양 Dinner 정식 Course를 하나의 Tray에 적절히 Setting하여 준비한 형태이다. 일반석 Dinner/Lunch 기내식 Tray의 구성 및 종류는 다음과 같다.

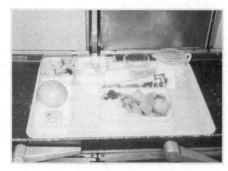 

↑ 양식 Tray   ↑ 한식 Tray

일반석의 Breakfast / Brunch 메뉴 구성

- Bread & Butter
- Yoghurt
- Entree
- Fruit

(1) Hors D'Oeuvre

Smoked Ham, Smoked Salmon, Shrimp 등이 제공된다.

(2) Bread

Hard Roll, Soft Roll 등이 제공된다.

(3) Water

(4) Salad

신선한 각종 야채가 드레싱과 함께 제공된다.

(5) Entree

대개 Beef, Fish, Chicken 중 2가지 종류가 탑재되어 승객이 선택하도록 되어 있으며, 한식으로는 불갈비, 비빔밥 등이 서비스된다.

기내 한식

국적항공사는 한국인의 입맛과 계절감에 맞는 다양한 한식 메뉴를 개발하고 외국인 승객에게 전통 한식을 알리기 위해 다양한 한식 메뉴를 선보이고 있다. 대한항공에서는 비빔밥 서비스로 기내식부문 최고의 영예인 머큐리상을 수상한 바 있다.

등급	한식 내용
일등석	·궁중정찬서비스, 일식 정통(가이세키) ·불갈비, 불고기, 갈비찜, 닭불고기 ·탕류/국류(사골꼬리곰탕, 삼계탕, 미역국, 쇠고기무국) ·밥류(비빔밥, 잡채밥) ·죽류/면류(쇠고기죽, 조개관자죽, 냉국수, 온면, 비빔국수) ·후식(녹두신감초, 점증병, 증편, 두텁떡) ·음료(오미자차)
비즈니스석	·비빔밥, 불갈비, 불고기, 갈비찜, 닭불고기, 찜닭, 흰죽, 잡채밥, 한식 전통 떡 등
일반석	·비빔밥, 불갈비, 불고기, 갈비찜, 닭불고기, 찜닭, 찹쌀떡, 영양쌈밥 등

(6) Dessert

Cheese, Sweet Dish, Fruit 등이며, 노선에 따라 열대 과일, 찹쌀떡 등 특색 있는 후식이 제공된다.

(7) Hot Beverage

고객 맞춤형 기내식 서비스(Flexible Meal Time Service)

아시아나항공의 경우 고객 맞춤형 기내식 서비스를 실시하며, 승객이 원하는 시점에 식사를 제공하고, 수시로 다양한 메뉴의 식사와 간식을 제공한다.
또한 국내 유명 레스토랑 및 전문가와 제휴하여 최상급 품질의 조리 장인의 맛을 기내에서도 즐길 수 있도록 하며, 예약 시 최소 24시간 전에 원하는 메뉴(양식/중식/한식)를 주문받아 서비스하는 사전주문제를 실시하고 있다. 그 외 초밥요리사를 기내에 태워 승객들에게 즉석에서 초밥을 만들어주는 '기내 셰프 서비스'를 실시한 바 있다.

3) 특별식(Special Meal)

특별식은 승객의 건강, 종교 등의 이유 또는 축하를 위해 탑재되는 음식으로서 승객 예약 시 주문에 의해 탑재되며, 주문 내용은 S.H.R.(Special Handling Request)에 기록되므로 출발 전 탑재 여부를 확인해야 한다.

(1) Special Meal의 종류

■ **종교상 이유에 의한 Special Meal**

- Hindu Meal(HNML) : No Beef. 쇠고기를 먹지 않는 힌두교도를 위한 식사
- Moslem Meal(MOML) : No Pork. 돼지고기를 먹지 않는 이슬람교도의 식사
- Vegetarian Meal(VGML) : 건강, 종교상의 이유로 육류를 먹지 않는 채식주의자 Vgml Strict는 육류만이 아니고 달걀, 유제품 등 동물성 음식류를 일체 먹지 않는 엄격한 채식주의자의 식사이다.
- Kosher Meal(KSML) : 유대 정교 신봉자인 유태인 종교 음식. 유대교 율법에

따라 조리된 음식으로 닭고기나 생선이 주가 되며, Bread 대신 Matzo라는
건빵이 쓰인다. 식기는 한 번 사
용한 것을 재사용하는 것은 금
하므로 1회용 기물을 이용하고
종이상자에 봉해져 있다. 서비
스 준비 때 승객에게 반드시 허
락을 득한 후 개봉하여 Heating
해야 한다.

↑ Kosher Meal

■ 건강 및 신체여건에 따른 Special Meal

① 채식

- **서양채식**(Vegetarian Lacto-Ovo Meal) : 생선류, 가금류를 포함한 모든 육류,
  동물성 지방, 젤라틴을 사용하지 않고, 계란 및 유제품은 포함하는 서양식
  채식 메뉴

- **엄격한 서양채식**(Vegetarian Vegan Meal) : 생선류, 가금류를 포함한 모든 육
  류와 동물성 지방, 젤라틴뿐만 아니라 계란 및 유제품을 사용하지 않는
  엄격한 서양식 채식 메뉴

- **인도 채식**(Vegetarian Hindu Meal) : 생선류, 가금류를 포함한 모든 육류와
  계란을 사용하지 않고, 유제품은 포함하는 인도식 채식 메뉴

- **엄격한 인도 채식**(Vegetarian Jain Meal) : 생선류, 가금류를 포함한 모든 육류
  와 계란, 유제품을 포함하는 모든 동물성 식품 및 양파, 마늘, 생강 등의
  뿌리 식품을 사용하지 않는 엄격한 인도식 채식 메뉴

- **동양채식**(Vegetarian Oriental Meal) : 생선류, 가금류를 포함한 모든 육류와
  계란, 유제품은 사용이 불가하나 양파, 마늘, 생강 등 뿌리식품의 사용이
  가능한 동양식 채식 메뉴로 주로 중식으로 조리함

② 건강식

건강상의 이유로 특별한 식단이 필요한 승객에게 의학 및 영양학적인 전문지식을 바탕으로 구성된 식사 조절식

- **저지방/콜레스테롤식**(Low Fat/Cholesterol Meal/LFML) : 저콜레스테롤, 저지방, 심장병, 동맥경화, 비만증 등 성인병 환자에게 제공되며 지방, 육류의 기름기를 제거하고 만든 식사

- Oriental Meal(ORML) : Chinese Style로 조리된 식사로 동남아 승객 선호도가 높다.

- **저지방식**(Low Fat Meal/LFML) : 1일 지방 섭취량을 30g 이내로 제한한 식사

- **당뇨식**(Diabetic Meal/DBML) : 열량, 단백질, 지방, 당질의 섭취량을 조절하는 동시에, 식사량의 배분, 포화지방산의 섭취 제한 등을 고려한 식사

- **저열량식**(Low Calorie Meal/LCML) : 체중 조절을 목적으로 열량을 제한한 식사

- **저단백식**(Low Protein Meal/LPML) : 육류, 계란 및 유제품 등 단백질 식품을 제한하여, 1일 단백질 섭취량을 40g 이하로 제한한 식사

- **고섬유식**(High Fiber Meal/HFML) : 만성변비 환자에게 제공되며 섬유질이 많은 곡류, 과일, 채소가 많이 든 식사(1일 20~25g의 식이섬유소를 포함)

- **연식**(Bland Meal/BLML) : 소화장애 환자 또는 수술 후 회복기에 있는 승객을 위한 식사로 제공되며 데치거나 끓이는 방법으로 부드럽게 조리하고 자극성 향신료를 넣지 않고 만든 식사

- **글루텐 제한식**(Gluten Intolerant Meal/GFML) : 식사 재료 내의 글루텐 함유를 엄격히 제한한 식사

- **저염식**(Low Salt Meal/LSML) : 심장병, 고혈압 환자를 위한 소금 및 소금이 포함된 제품은 사용하지 않고 만든 식사(1일 염분의 섭취량을 5g 이하로 제한한 식사)

- **유당제한식**(Low Lactose Meal/NLML) : 우유 내 함유된 유당 소화에 장애가

있는 승객에게 제공되며, 유당을 함유하고 있는 모든 형태의 유제품(우유, 크림, 분유)을 엄격히 제한한 식사

- **유동식**(Liquid Diet Meal) : 씹거나 삼키는 기능에 문제가 있거나, 수술 후 회복기의 승객을 위한 식사
- **저퓨린식**(Low Purine Meal/PRML) : 통풍이나 요산결석과 같은 퓨린 대사 장애 환자를 위한 특별식으로 퓨린과 지방을 제한한 식사
- 기타, 특정 식품에 대한 알레르기 및 유사 증상이 있는 승객을 위한 특별식(예약 시 직원에게 문의)

③ 연령에 따른 특별식

- **영유아식** : 일반적인 제품만 서비스되므로 특별한 주스나 우유를 먹이는 경우 승객이 개별적으로 준비하는 것이 바람직하다.
    - 영아식(Infant Meal/IFML)
      - 12개월 미만 • 액상 분유, 아기용 주스
    - 유아식(Baby Meal/BBML)
      - 12~24개월 미만 • 이유식, 아기용 주스
- **아동식**(Child Meal/CHML) : 만 2세 이상 12세 어린이에게 제공되는 식사로 김밥, 샌드위치, 짜장면, 오므라이스, 햄버거, 피자, 스파게티, 치킨너겟 등 다양한 메뉴 중에서 선택할 수 있다.

④ 기타 특별식

- **해산물식**(Seafood Meal/SFML) : 생선 및 해산물을 주재료로 하여 곡류, 야채류 및 과일류 함께 제공
- **과일식**(Fruit Platter Meal/FPML) : 정규 기내식 대신 신선한 과일로만 구성된 식사. 미용 및 건강 기호식 알레르기 체질용
- **케이크**(Birthday Cake/MBML/SPMB, Honeymoon Cake/MHML/SPMH) : 생일과 허니문을 기념하기 위한 축하 케이크 제공

(2) 준비 및 서비스 요령

- 비행 준비 시 Special Meal의 탑재여부를 확인하고, 만일 탑재되지 않았을 경우 지상 직원에게 즉시 확인하여 탑재 조치한다.
- 승객 탑승완료 후 승객에게 주문 사실을 확인한 후, 해당 Special Meal Tag에 승객의 성명과 좌석번호를 기입, 승객 좌석 Head Seat Cover에 Special Meal Tag 스티커를 부착한다.
- 서비스 전 승객에게 Special Meal 주문 여부를 재확인한 후, Meal Tray 서비스 시 일반 식사보다 먼저 제공한다.

Economy Class Menu(주요리)의 종류(예)

Beef요리	생선요리 및 해물요리
- 불갈비 - Spicy Beef - Beef Stroganoff - Hungarian Beef Goulash - Sliced Beef Teriyaki	- Sea Bass with Oyster Sauce - Red Snapper Fillet - Cod Fillet - Halibut Fillet - Salmon & Scallop - Mixed Seafood
Chicken요리	Breakfast Menu 주요리
- Sweet & Sour Chicken - Chicken Breast Strips - Roasted Chicken - Chicken Thigh with a Curry Sauce - Tender Chicken Thigh with Garlic Sauce	- Plain Omelette - Ham & Cheese Omelette - Scrambled Egg Crepe - Chicken & Mushroom Crepe - Wild Mushroom Lasagna - Crepe Filled with Scrambled Egg & Mushroom - Quiche Lorraine

Menu 표기법

조리법 + 주재료 + 소스명
Stir-fried   Chicken   with Sweet & Sour Sauce

저녁식사

애피타이저

잘게 썬 우럭과 차이브를 곁들인 새우 샐러드

계절의 샐러드

주요리

불갈비

엄선된 쇠고기 갈비를
불고기 소스로 양념하여 구워낸 후
따뜻한 백반과 함께 서비스합니다.

농어 살코기 요리

신선한 농어에 중국식 칠리소스를
곁들여 버섯과 죽순, 볶음밥, 청경채를
함께 드립니다.

후식

떡

정선된 치즈와 크래커

Dinner

Appetizer

Shrimp salad with diced grouper and chives

Seasonal Salad

Main Courses

PULGALBI

A classic Korean dish of broiled beef short rib
accompanied
by steamed rice and vegetables

FILLET OF SEA BASS

Sea bass topped with
a Chinese chile sauce, mushrooms
and bamboo shoots, offered
with fried rice and pek choy

DESSERT

Rice cake

Selected of cheese
and crackers

3. 기내음료의 개요

　기내에서는 식사 서비스 전 식욕을 돋우기 위한 식전음료로 각종 주류, 청량음료 등은 물론 식사 중 소화를 돕는 고급 와인, 그리고 비행 중 항상 승객의 요구에 따라 다양한 음료가 제공된다.

　해당 클래스에 따라 제공되는 종류에 차이는 있으나 노선별, 등급별로 다양한 종류의 비알코올 음료와 알코올 음료를 제공한다. 음료서비스는 기본적으로 Meal 서비스 시점을 기준으로 식전에 식전주인 Aperitif를 제공하고, 식사 중에는 Meal Type에 따라 와인이나 기타 음료를 제공하며, 식후에는 커피와 차류를 제공한다.

　비행 중 승객 요구에 의해 모든 음료의 제공이 가능하나 알코올 음료의 경우에는 만취 승객이 발생되지 않도록 유의한다.

1) 알코올 음료

- Wine, Champagne
- Whisky(Scotch, Canadian, Bourbon), Brandy, Liqueur, Campari, Rum, Gin, Vodka, Beer 등
- 칵테일류

2) 비알코올 음료

- Mineral Water, Juice, Soft Drink, Coffee, Tea 등

Airline Cabin Service

PART

2

객실서비스 실무

객실서비스
기본매너

03

제1절 서비스 기본 자세와 원칙

사람들은 적절하게 존중하는 표현에 감사해 하며 좋은 태도와 예절로 대하는 사람과의 관계를 좋아한다. 고객의 인식에 영향을 미치는 행동은 고객과의 상호작용과 서비스를 제공하는 능력에도 영향을 미친다. 이 기술은 언어, 행동, 복장, 대화 등 모두가 고객에게 제공되는 유·무형의 서비스들이다. 즉 밝은 표정, 단정한 용모, 아름다운 자세, 적극적인 마음가짐 그리고 친절한 말씨와 세련된 대화 등 전반적인 것이라고 할 수 있다.

1. 서비스 기본 자세와 동작

승무원은 주인이며, 승객은 손님이다. 주인과 손님의 관계는 주인이 얼마나 손님을 극진하게 대접하느냐에 따라 친분의 깊이를 알 수 있고 다소 소원했던 관계였을지라도 곧 친해질 수 있다.

기내에서 이루어지는 승무원의 말씨나 태도, 표정, 용모 등 일거수 일투족이 승객에게는 관심의 대상이며 수시로 관찰되고 있다. 사소한 일일지라도 승무원의 행위 자체가 승객의 호의를 사거나 반대로 불쾌한 인상을 줄 수 있다는 사실을 명심해야 한다.

그러므로 승객응대를 위한 기술은 곧 아름다운 매너와 세련된 화법의 개발에 있다고 할 수 있다.

1) 밝은 표정

 밝게 웃는 얼굴로 승객을 응대하는 것은 서비스의 기본 자세이다. 승객응대 때 언어적 표현보다 비언어적 표현이 의미의 전달 역할이 크며, 그중 얼굴 표정이 많은 비중을 차지하므로 항상 밝은 표정을 유지하도록 한다.

고객을 처음 대면했을 때 고객의 표정을 살펴 응대하게 되는 것은 지극히 당연한 일이다. 왜냐하면 고객의 표정에서 곧 고객의 마음을 읽을 수 있기 때문이다.

그러나 서비스맨은 그 이전에 기본적으로 고객이 편안한 마음을 가질 수 있는 친근감을 주는 표정을 갖추고 있어야만 한다. 고객도 서비스맨의 표정에 따라 서비스맨의 친절과 상냥함을 판단하게 되기 때문이다. 고객에게 어떠한 형태의 서비스를 하건 고객 앞에 얼굴이 가장 많이 보이게 되는 서비스맨은 고객과의 좋은 인간관계 형성을 위해 고객의 입장에서 보았을 때 바르게 표현될 수 있는 표정 관리가 필요하다.

2) 편안함을 주는 시선 처리

아무리 말씨나 태도가 훌륭한 승무원이라 해도 얼굴 표정에 있어 시선 처리를 바르게 하지 못하면 효과는 반감되고 만다. 올바른 시선 처리는 곧 서비스맨의 자신감과 고객에 대한 공손함을 의미한다.

- 고객과 오래 대화할 경우에는 일반적으로 고객의 양 미간과 눈을 번갈아 보면서 시선을 보는 것이 고객 입장에서 편안함을 느낄 수 있다. 오랜 시간 대화하는 경우 고객의 미간을 보다가 여백, 즉 고객과의 대화의 중심이 되는 쪽, 앞에 놓인 서류, 제시하는 방향, 찻잔 등으로 시선 처리를 한다.
- 어떠한 경우라도 고객의 신체 위 아래로 시선을 돌리는 것은 좋지 않다.

- 다른 사람의 말을 들을 때 될 수 있으면 눈을 보고, 자신이 이야기할 때는 시선을 조금 아래로 향하는 것이 좋다. 단 이야기의 핵심이나, 고객의 동의를 구하고 싶을 때는 시선을 고객의 눈에 두어 의지를 표현할 수 있다.
- 서비스맨의 시선 위치가 고객보다 높을 경우 거만한 인상을, 너무 아래에서 보면 비굴한 인상을 주므로 적당한 위치에서 눈의 위치를 맞추도록 한다. 눈의 위치를 맞추어서 몸의 높이를 조절할 수 있다.
- 서비스맨의 시선과 얼굴의 방향, 그리고 몸과 발끝의 방향까지 고객의 시선을 향하도록 한다.

3) 올바른 자세와 동작

객실승무원은 늘 많은 승객들의 주시의 대상이다. 근무에 필요한 바르고 세련된 자세와 동작을 몸에 익혀 자연스럽게 표현하도록 한다.

(1) 바르게 앉은 자세

- 의자 깊숙이 엉덩이가 등받이에 닿도록 앉는다. 의자 끄트머리에 걸터앉는 것은 보기도 좋지 않을뿐더러 불안정하고 쉽게 피곤해지는 자세이다.
- 등과 등받이 사이에 주먹 한 개가 들어갈 정도의 거리를 두고 등을 곧게 편다.
- 상체는 서 있을 때와 마찬가지로 등이 굽어지지 않도록 주의하고 머리는 똑바로 한 채 턱을 당기고 시선은 정면을 향한다(시선은 상대의 미간을 본다).
- 손은 양 겨드랑이가 몸으로부터 떨어지지 않도록 해서 가지런히 무릎 위에 모으고 발은 발끝이 열리지 않게 조심하고 발끝은 가지런히 모아 정면을 향하게 한다.
- 양다리는 모아서 수직으로 하며 오래 앉아 있을 경우 다리를 좌우 어느 쪽으로 방향을 틀어도 무방하다. 쉬고 있을 때는 다리

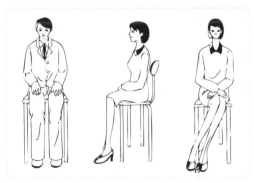

를 꼬아 옆으로 틀어도 괜찮지만 이러한 경우 다리선은 가지런히 하여 발끝까지 쭉 펴서 반듯하게 보이도록 한다.

- 팔짱을 끼고 무릎을 떨거나, 다리를 꼬아 앉거나 벌어지지 않도록 유의해야 한다.

(2) 앉고 서는 법

대체로 의식하지 않고 무의식중에 하는 것이 앉고 서는 법이다. 그러나 앉고 서는 모습만 보아도 연령을 분명히 알 수 있다. 자칫 긴장하지 않으면 털썩 주저앉는다거나 일어설 때도 노인들처럼 상체를 많이 굽힌 지친 모습으로 일어서기 쉽다.

▪ 여자

- 한쪽 발을 반보 뒤로 하고 몸을 비스듬히 하여 어깨 너머로 의자를 보면서(접혀진 승무원 좌석은 한 손으로 의자를 아래로 내려놓고) 한쪽 스커트 자락을 살며시 눌러 의자 깊숙이 앉는다.
- 뒤쪽에 있던 발을 앞으로 당겨 나란히 붙이고 두 발을 가지런히 모은다.
- 양손을 모아 무릎 위에 스커트를 누르듯이 가볍게 올려놓는다.
- 어깨를 펴고 시선은 정면을 향하도록 한다.

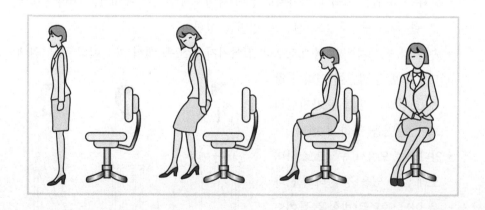

■ 남자

- 의자의 반보 앞에 바르게 선 자세에서 한 발을 뒤로 하여 의자 깊숙이 앉는다.
- 정지 동작을 살리며 바른 자세로 앉는다.
- 발을 허리만큼 벌리고 양손은 가볍게 주먹을 쥐어 양 무릎 위에 올려놓는다.
- 어깨를 펴고 시선은 정면을 향하도록 한다.

(3) 서 있는 자세

- 발뒤꿈치를 붙이고 발끝은 약 30도 정도로 V자형으로 한다. 남성의 경우라면 양발을 허리 넓이만큼 벌려 서 있는 것이 좋다.
- 몸 전체의 무게 중심을 엄지발가락 부근에 두어 몸이 위로 올라간 듯한 느낌으로 선다.
- 머리, 어깨 등이 일직선이 되도록 허리는 곧게 펴고 가슴을 자연스럽게 내민 후, 등이나 어깨의 힘은 뺀다.
- 아랫배에 힘을 주어 당기고, 엉덩이를 약간 들어 올린다.
- 양손은 가지런히 모아 자연스럽게 내려뜨린다.
  여성의 경우 오른손이 위로 가게 하여 가지런히 모아 자연스럽게 내리고, 남성의 경우 손을 가볍게 쥐어 바지 재봉선에 붙인다. 이때 양손을 약간 둥글게 하면 보다 정중한 인상을 준다.
- 얼굴은 턱을 약간 잡아당겨 움직이지 않도록 하고 시선은 정면을 향하며 입가에 미소 또한 잊지 않는다. 그리고 머리와 어깨는 좌우로 치우치지 않도록 유의한다.
- 오래 서 있어야 할 때에는 여성의 경우 한 발을 끌어당겨 뒤꿈치가 다른 발의 중앙에 닿게 하여 균형을 잡고 서 있도록 하면 훨씬 편안하게 느껴질 것이다.
- 대기 자세에서 고객을 응대할 때는 즉각 대기 자세를 풀고 고객에게 다가가는 제스처가 필요하다. 이때 고객을 정면으로 하여 45도 정도를 유지하고 80cm 에서 1m 정도의 거리에서 고객과 마주 보고 서는 것이 가장 편안한 거리이다.

(4) 인사하는 자세

- **1단계** : 곧게 선 상태에서 상대방과 시선을 맞추고 난 다음 등과 목을 펴고 배를 끌어당기며 허리부터 숙인다.
- **2단계** : 머리, 등, 허리선이 일직선이 되도록 하고 허리를 굽힌 상태에서의 시선은 자연스럽게 아래를 보고 잠시 멈추어 인사 동작의 절제미를 표현한다. 인사하는 동안 미소가 얼굴에 머물도록 한다.
- **3단계** : 너무 서둘러 고개를 들지 말고 굽힐 때보다 다소 천천히 상체를 들어 허리를 편다. 고개를 까딱하는 인사가 아니라 허리로 인사해야 품위 있게 인사할 수 있다. 인사는 허리를 굽혀 자연히 머리가 숙여지는 것이지 고개만 까딱하는 것이 아니다.
- **4단계** : 상체를 들어 올린 다음, 똑바로 선 후 다시 상대방과 시선을 맞춘다.

- **여성**
  - 손은 오른손이 위로 오도록 양손을 모아 가볍게 잡고 오른손 엄지를 왼손 엄지와 인지 사이에 끼워 아랫배에 가볍게 댄다.
  - 몸을 숙일 때는 손을 자연스럽게 밑으로 내린다.
  - 발은 뒤꿈치를 붙인 상태에서 시계의 두 바늘이 11시 5분을 나타내는 정도로 벌린다.

■ 남성

- 차렷 자세로 계란을 쥐듯 손을 가볍게 쥐고 바지 재봉선에 맞춰 내린다.
- 발은 발뒤꿈치를 붙인 상태에서 시계의 10시 10분 정도가 되게 벌린다.
- 몸을 숙일 때는 손이 바지 재봉선에서 떨어지지 않도록 유의한다.

(5) 기내 통로에서 걷는 자세

- 가슴을 펴고 등을 곧게 하며, 무게 중심을 발의 앞부분에 두어 조용히 걷는다.
- 체중은 발 앞부분에 싣고, 허리로 걷는 듯한 느낌으로 걸어야 한다.
- 손은 앞으로 가지런히 모으거나 옆에 붙이고 평상시 속도보다 천천히 걷는다 (통로에서 뛰지 않도록 유의한다).
- 통로에서 승객과 서로 지나칠 때에는 승객의 행동반경을 옆으로 피하고 가볍게 머리 숙여 인사한다.
- 발소리가 크게 나지 않도록 자신의 걸음걸이에 주의를 기울여 걷는다. 기내에서 휴식 중인 승객에게 무심코 들려오는 승무원의 요란스런 발소리는 귀에 거슬리게 된다. 발소리가 나지 않도록 발 앞 끝이 먼저 바닥에 닿도록 하여 전면에 일직선이 그어져 있는 듯 가상하여 똑바로 걷는다.

(6) 방향 지시

- 가리키는 지시물을 복창한다.
- 손가락을 모으고 손 전체로 가리킨다.
- 손을 펴는 각도로 거리감을 표현한다.
- 시선은 상대의 눈에서 지시하는 방향으로 갔다가 다시 상대의 눈으로 옮겨 상대의 이해도를 확인한다.
- 우측을 가리킬 경우는 오른손, 좌측을 가리킬 경우는 왼손을 사용한다.
- 사람을 가리킬 경우는 두 손을 사용한다.

(7) 물건을 집을 때의 자세

- 다리를 붙이고 깊게, 옆으로 돌려 앉으며 상체는 곧게 편다.
- 특히 치마를 입고 물건을 집을 경우 뒷모습에 유의한다.

- 등을 곧게 편다.
- 손가락을 가지런히 모은다.
- 물건을 주고받을 때는 양손으로 한다.
- 동작은 하나하나 절도 있게 한다.
- 동작의 속도는 갈 때는 보통, Stop Motion, 되돌아올 때는 천천히 한다.
- 고객응대의 시작과 마무리에는 눈 맞춤을 한다.

2. 승객응대 자세

1) 승객응대 시 기본 자세

- 승객의 1열 앞, 80cm~1m 정도 거리에 45도 각도로 승객과 정면으로 선다.
- 등을 곧게 펴고 15도 정도로 허리를 굽혀 승객 눈높이에 맞추도록 한다. 이때 양다리, 발꿈치는 붙이고 몸의 중심은 양다리에 둔다.
- 손은 여자는 오른손이 위쪽, 남자는 왼손이 위쪽으로 오도록 가지런히 모은다.
- 고객에게 너무 가까이 다가가 고객의 영역을 침해해 버린다거나 너무 바짝 붙어서 응대하지 않도록 유의해야 한다. 너무 가까이에서 응대하다 보면 시선을 맞추기가 어색할 뿐 아니라 구취나 체취 등이 쉽게 노출될 수도 있으니 주의한다.

일반적으로 서로의 간격을 침해하게 되면 사람들과 편안한 단계는 감소되며 방어적으로 변하고 불쾌한 감정을 품게 될지도 모른다. 사람들이 공간의 방해에 어떻게 반응하는지 인식하는 것이 고객서비스 측면에서 중요하다. 즉 공간적 거리도 상호관계에 유의해야 하는 요소가 된다. 고객서비스 시 퍼스널 터치(Personal Touch)를 위해 고객의 공간에 자주 침범하는 것은 고객의 시간과 공간을 동시에 빼앗는 행위이다. 고객에게 불쾌감을 주지 않도록 고객과의 적당한 거리도 생각해서 자신의 위치를 결정하는 것이 중요하다. 서비스맨이 고객 앞의 적당한 거리에서 정중하게 응대하는 자세 하나만으로도 충분히 바람직한 비언어적 표현이 된다.

2) 물건을 주고받을 때의 자세

- 전달받을 사람에 대해 공손한 위치를 선택하여 일단 멈춰 선다.
- 밝은 표정과 함께 시선은 상대방의 눈과 전달할 물건을 본다.
- 물건을 건네는 위치는 가슴부터 허리 사이가 되도록 하며, 반드시 양 손을 사용하여 정중히 전달한다.
- 작은 물건일 경우, 한 손을 다른 한쪽 손의 밑에 받친다.
- 알약, 바늘과 같이 작고 다루기 조심스러운 물건은 칵테일 냅킨 등을 이용하여 전달한다.
- 물건을 전달하면서 전달하는 물건을 말한다. (말씀하신 ○ ○ ○입니다. ○ ○ ○ 여기 있습니다.)
- 상대방의 입장과 편의를 고려하여 전달해야 한다.
- 물건 전달 후 다시 상대의 눈으로 옮겨 물건이 올바르게 전달되었는지 확인한다.

3. 기물 취급 요령

1) Cart

(1) 종류와 용도

종 류	용 도
Meal Cart	Meal서비스 및 회수 Entree 탑재
음료 Cart	음료 탑재 및 서비스
Serving Cart	신문서비스 Headphone서비스 및 회수 Cart를 이용하는 식음료서비스

(2) 취급 요령

■ Meal Cart

- Door를 여닫을 때에는 Locking 고리를 이용한다.
- Cart 정지 시 반드시 Pedal을 이용하여 고정시킨다.
- 이동 때 Cart 안의 내용물이 흐트러지지 않도록 조심스럽게 다룬다.
- Cart는 안정감 있게 두 손으로 잡고, Aisle을 지날 때에는 승객이 다치지 않도록 특히 주의한다.
- Cart를 이동할 때 체중을 싣지 않도록 유의한다.
- Cart에서 Meal Tray를 꺼내거나 넣을 때에는 무릎을 굽히고 자세를 낮추어 허리에 무리가 가지 않도록 주의한다.
- 사용 후에는 Aisle이나 Door 주변에 방치하지 않는다.

■ Serving Cart

- 상단에 Cart Mat를 깔고 사용한다(신문서비스는 제외).
- 상, 중, 하단을 펼쳐 Locking 고리로 고정한다.

- 원칙적으로 하단에는 서비스용품을 놓지 않는다.
- Cart 중단에 있는 물품을 꺼낼 때에는 서비스하는 승객의 반대편 방향으로 몸을 이동한다.
- Cart를 이동할 때 체중을 싣지 않도록 유의한다.
- 사용 후에는 접어서 제자리에 보관하고 Aisle이나 Door 주변에 방치하지 않는다.

2) Tray

(1) 종류와 용도

종 류	용 도
Large Tray	Basic Meal Tray 음료서비스 및 회수 각종 서비스 및 회수
Small Tray	Basic Meal Tray 음료 등 Individual 서비스 및 회수 Tea/Coffee 서비스
2/3Tray	Basic Meal Tray

(2) 취급 요령

- 사용 전 Tray Mat를 깔아 서비스용품의 미끄러짐을 방지한다.
- 엄지손가락은 Tray의 장축을, 나머지 손가락은 아랫부분을 받쳐 잡는다.
- Tray를 잡을 때에는 긴 쪽이 통로와 평행이 되도록 하고 가슴과 수평이 되도록 하며, 그보다 낮거나 높게 들지 않는다.
- 서비스 때 승객에게 Tray 밑면이 보이지 않도록 하며, 옆구리에 끼거나 흔들고 다니지 않는다.
- 회수 때 Tray의 위치는 항상 통로 쪽에 위치하도록 한다.
- Cup 등 제공된 서비스 물품을 회수할 때에는 몸의 가까운 쪽부터 놓는다.

3) Basket

(1) 종류와 용도

종 류	용 도
Bread Basket/Tongs	Bread, 땅콩 등 서비스
Towel Basket/Tongs	Towel서비스 및 회수

(2) 취급 요령

- 손바닥으로 Basket의 바닥을 받쳐 안정감 있게 잡는다.
- 서비스 중이 아닐 때 Tong은 Basket 아래에 두도록 한다.
- 바닥에 내려놓지 않도록 한다.

4) Cup

(1) 종류와 용도

종 류	취급 요령
Plastic Cup(6oz)	주스, 칵테일 등 일반 음료
Plastic Cup(4oz)	Wine
Paper Cup(6oz)	Coffee, Tea
Paper Cup(3oz)	Water Fountain용

(2) 취급 요령

- 엄지, 둘째, 셋째 손가락으로 밑부분을 잡고 넷째, 다섯째 손가락은 Cup의 밑바닥을 받친다.
- 항공사 Logo가 있는 경우 승객의 정면에 오도록 한다.

- 입이 닿는 Cup의 윗부분은 만지지 않는다.

5) Cutlery

종 류	취급 요령
Knife Fork Soup/Tea Spoon	·목부분을 잡는다. ·개별 서비스 때 나이프는 칼날이 안쪽으로 향하도록 놓는다. ·테이블에 놓을 때는 포크는 왼쪽, 나이프는 오른쪽에 놓는다.

6) Linen

(1) 종류와 용도

종 류	용 도
Small Linen	Bread Basket, Wine 서비스
Cart Mat	Serving Cart 상단

(2) 취급 요령

- 청결한 상태로 구김이 가지 않도록 한다.
- 사용 후 제자리에 보관한다.

7) 기타 기물

(1) 종류와 용도

종 류	용 도
Ice Bucket / Tongs	Ice Cube 서비스
Ice Scoop	Ice Cube를 떠서 담는 데 사용
Ice Pick	덩어리진 Ice Cube를 부수는 데 사용
Pot	Tea/Coffee 서비스
Muddler Shelf	Sugar, Creamer, Tea Bag, Muddler 등을 항상 보관
석면장갑	Entree Setting

(2) 취급 요령

- Ice Scoop, Ice Pick, 석면장갑 등 Galley 내에서 사용하는 기물은 Galley 밖 승객의 가시권 내에서는 사용하지 않는다.

8) 기물 사용 원칙

- 이륙 전 비행 준비 점검 때 탑재된 기물의 종류와 청결상태를 확인한다.
- 사용하기 전 기물의 청결상태를 다시 한번 확인한다.
- 기물은 서로 부딪치거나 소리가 나지 않도록 조심스럽게 다룬다.
- 음식이 닿는 부분, 입이 닿는 부분에 손이 닿지 않도록 주의한다.
- Galley 내에서 사용하는 기물은 승객에게 서비스할 때 사용하지 않는다.
- 사용 후 기물은 깨끗이 하여 제자리에 보관한다.
- 모든 기물은 경유지에서 하기하지 않는다.

4. 식음료서비스 기본 원칙

- 항상 밝은 표정과 명랑한 태도를 유지하며 올바른 서비스 매너를 갖추어 응대한다.
- 용모와 복장은 항상 청결하고 단정하게 한다. 특히 장거리 비행 중에 수시로 용모를 점검하여, 항상 깔끔하고 단정한 모습을 유지하도록 한다.
- 서비스 시작 전후 반드시 손을 씻고 청결을 유지해야 한다. 음식을 직접 만지는 경우, 반드시 비닐장갑을 착용한다.
- 서비스 전 손에 로션을 바르지 않으며 향수를 지나치게 많이 사용하지 않도록 한다.
- 모든 식음료는 뜨겁게 서비스해야 할 것은 뜨겁게, 차갑게 서비스해야 할 것은 차갑게 제공한다.
- 모든 음료를 서비스할 때에는, Meal Tray 위에 서비스할 때를 제외하고, 반드시 Cocktail Napkin을 받쳐 서비스한다.
- Cart서비스를 제외한 모든 음료서비스 시에는 반드시 Tray에 준비하여 서비스한다.
- 승객을 마주 보아 왼쪽 승객에게는 왼손으로, 오른쪽 승객에게는 오른손으로 서비스하되, 뜨겁거나 무거운 것을 서비스할 때에는 편한 손으로 서비스한다.
- 창 측 안쪽 승객부터 서비스하여, 남녀 승객이 같이 앉아 있는 경우라면 여자 승객에게, 어린이 동반 승객, 노인 승객에게 먼저 주문받고 서비스한다.
- 통로 측 승객부터 회수하되, 창 측 승객이 먼저 끝난 경우에는 통로 측 승객에게 양해를 구한 뒤 회수한다. 식음료를 서비스할 때와 회수할 때에는 절대로 승객의 머리 위를 스쳐 지나가서는 안된다.
- 음료컵 회수 때에는 회수해도 좋은지 Refill 여부를 반드시 확인하며, 시간적 여유를 갖고 회수한다. (한 잔 더 드시겠습니까? 치워드려도 되겠습니까? 천천히 드십시오.…)
- 반드시 손님과 눈을 맞추고 바른 자세로 한마디라도 대화를 하며 서비스하도

록 한다.

- 서비스 도중 머리를 쓰다듬거나 코를 만지지 않는다.
- 승객과 대화할 때 승객의 팔걸이에 걸터앉거나 승객의 후방에서 이야기하지 않으며 좌석 등받이에 몸을 기대거나 손을 올려놓지 않는다.
- 승객의 고유 영역을 침해하여 바짝 붙어서 소곤거리는 것을 삼가야 한다.
- 비행 중 승객 호출 버튼에 우선적으로 즉각 응대한다.
- 업무지식은 물론 여행정보를 충분히 숙지하여 승객의 문의사항에 정확히 응답할 수 있도록 한다.
- 비행 중 승객의 요구에 응하지 못할 경우 사유를 설명하고 그에 상응하는 것을 대신 권유한다.
- 비행 중 항상 승객을 주시하며, 도움이 필요한지 여부를 살핀다.

친절 서비스

- 고객의 입장에서 서비스한다.
- 능동적이고 적극적으로 서비스한다.
- 즐거운 마음으로 정성을 다해 서비스한다.

1. 기내서비스 대화의 중요성

자신의 의사를 상대방에게 정확하게 전달하는 것과 상대방의 의사를 틀림없이 받아들이는 것은 서비스 대화에 있어 중요한 요소이다. 고객과의 대화는 친밀감과 원만한 관계를 유지하는 데 있어서 매우 중요한 요건이다.

커뮤니케이션은 인간관계의 기본이라고 할 수 있으며 서비스는 고객에 대한 설득적인 커뮤니케이션이다. 서비스의 의미 자체도 지식이나 이론보다는 이미지나 태도의 표현이 더욱 중요하다고 볼 수 있으며 양방향 의사소통은 효율적인 고객서비스의 기반이 된다. 즉 고객서비스는 외적 표현에 의해서 전달되고 고객을 움직이는 커뮤니케이션 기술로서 그 성공의 열쇠는 긍정적이고 효율적인 예절로 의사소통을 할 수 있는 서비스맨의 능력에 달려 있다.

고객은 제공되는 서비스를 통해 가치를 느끼게 되고 그 가치를 고객만족 여부의 기준으로 삼게 된다. 고객의 말을 경청하고, 긍정적인 단어선택을 하여 대화하며, 주의 깊고 예의 바른 비언어적인 행동 하나가 높은 서비스수준을 나타내는 한 가지 방법이 될 수도 있다.

회사의 입장에서는 승무원으로서 고객과의 만남은 개인적인 만남이 아니라 회사를 대표하는 자격으로 만나기 때문에 매우 중요하며 보다 친절하고 세련된 고객응대는 회사를 찾는 고객들에게 좋은 인상을 심어준다. 따라서 승무원의 말씨나 태도, 표정이나 복장 등 일거수일투족은 고객에게 회사에 대한 호의나 불쾌한 인상을 줄 수 있으므로 모든 고객에게 호감을 줄 수 있는 고객응대의 기술이 필요하다.

간혹 적절하지 못한 단어의 사용으로 고객의 불만을 야기하는 경우도 있으므로 기내에서 발생할 수 있는 다양한 상황에 따라 올바른 대화요령을 익히는 것이 중요하다.

2. 기내서비스 대화의 기본

고객응대 화법은 전달하려는 의사를 고객에게 명확히 이해시킴은 물론 그 과정을 통하여 친절함과 정중함을 동시에 전달해야 한다.

1) 말하는 것보다 잘 듣는 자세가 되어야 한다

- 상대의 의견을 존중하고 자존심 상하지 않도록 유의한다.
- 상대의 말을 가로채지 말고 끝까지 듣도록 한다.
- 상대의 답변을 촉구하는 듯한 질문은 하지 않는다.
- 맞장구치는 것은 좋으나 바닥을 치거나 무릎을 치는 등 과장된 행동은 삼가야 한다.
- 상대가 말한 사항을 확인하고, 반응을 보면서 대화한다.

자기가 하고 있는 말이 고객에게 어떻게 이해되는가를 확인하면서 대화를 진행해야 비로소 좋은 대화를 할 수 있다.

2) 밝은 목소리, 적당한 속도, 정중함, 적절한 Pause, 친근감을 주는 Tone을 유지하도록 한다

- 항상 밝은 표정과 미소로 대화에 응하도록 한다.
- 음성을 낮추되 적절한 Speed, Tone, 명확한 발음으로 말한다.
- 말에 진심과 열성을 담아서, 억양이나 속도에 변화를 주고 내용에 따라 띄어 말하도록 한다.
- 문장의 어미를 너무 올리면 듣기 싫고 쉽게 피로해지며, 어미를 흐리는 것도 자신감이 없어 보인다.
  매번 "~하시겠습니까?"로 책을 읽는 듯한 일률적인 어투는 피한다.

3) 전문용어, 불필요한 외국어, 약어 및 평소 자신의 언어습관은 지양하고 표준어 및 경어를 사용한다

- 정중하지 못한 외국어의 남용, 어색한 외국인 흉내는 내지 않는다("You know, O.K., Oh, Ya!").
- 대화는 표준어를 쓰는 것이 원칙이며, 속어, 은어, 반토막 말, 유아적인 어투 및 인터넷용어 등은 지양한다. 이는 말하는 사람의 품위를 떨어뜨리고 말 속에 포함된 진정한 의미의 전달에 실패하기 때문이다.
- 올바른 경어를 사용하도록 하며, 어린이, 학생 승객에게도 정중한 표현을 한다.
- 승객 앞에서 승무원 상호 간 대화도 승무원의 품위에 관한 척도가 됨을 유념하고 항상 존칭어를 사용하도록 한다.
- 외국어, 전문용어를 승객에게 사용하면 듣는 승객은 그 말뜻을 이해하기 어렵고 거북한 느낌마저 갖게 된다.

  "특별히 손님은 Bulkhead Seat을 배정했습니다."

  "항공기 좌석은 No Show에 대비해서 Overbooking을 하고 있습니다."

  승객의 편의와 이해를 위해 간단하고 알아듣기 쉽게 말해야 한다.

○ 표준용어 항공표

사용 실례(전문용어)	사용 실례(표준용어)
A/C 정비관계로	항공기 정비관계로
Action을 취하도록	조치를 취하도록
가까운 Agent에 가서서	가까운 여행사에 가서서
Airlines 규정에 따르면	항공사 규정에 따르면
Aisle Seat가 훨씬 더	통로 옆 좌석이 훨씬 더
Announcement를 잘 들으시고	안내방송을 잘 들으시고
Arrival Time이 다소	도착시간이 다소
Boarding Time(Pass)은	탑승시간(권)은
Booking은 언제쯤	예약은 언제쯤
Cancel될지도	취소될지도

사용 실례(전문용어)	사용 실례(표준용어)
괌에서 오는 Charter Flight는	괌에서 오는 전세기편은
어느 Carrier로 예약	어느 항공사로 예약
30분전에 Check-in이 완료되므로	30분 전에 탑승수속이 완료되므로
018편 CIQ는	018편 입국수속은
Complaint을 위한	불편신고를 위한
서울서 Connection하시려면	서울서 연결하시려면
Crew들이 교체되므로	승무원들이 교체되므로
Delay가 예상되므로	지연이 예상되므로
Departure Time은 모두 현지시간으로	출발시간은 모두 현지시간으로
뉴욕까지 Direct Flight는	뉴욕까지 직행편은
공항에는 Duty Free Shop이 없으므로	공항에는 면세점이 없으므로
E/D Card를 쓰시고	출입국 카드를 쓰시고
다음주 Extra Flight가 있으므로	다음주 특별기편이 있으므로
오후편 항공기 Flight Number는	오후편 항공기 편명은
파리까지 Flying Time은	파리까지 비행시간은
Full Booking 상태로서	만석 상태로서
기내에서 Giveaway를	기내에서도 기념품을
Time Table의 시간은	시간표상의 시간은
저의 회사 Manual에 의하면	저희 회사 업무절차에 의하면
On-time 도착예정입니다	정시 도착예정입니다.
Over Booking으로	초과 예약으로
Passport 좀 보여	여권 좀 보여
Procedure를 따르시면	절차를 따르시면
반드시 Reconfirm하셔야	반드시 재확인하셔야
공항에서 Seat Number를	공항에서 좌석번호를

4) 금지, 부정, 거절의 표현이나 명령형을 피하고 의뢰형을 많이 사용한다

사람은 누구나 자신의 의지로 움직이고 싶어 하며 타인으로부터 지시나 명령을 들으면 마음속에 저항감이 생긴다.

마찬가지로 서비스맨의 입장에서도 고객에게 '어떻게 하라, 하세요' 등의 명령형의 표현보다 '~해주시겠습니까?', '~해주시기 바랍니다', '~해주시면 감사하겠습니다' 등의 의뢰형 문장표현을 사용하는 것이 바람직하다. 명령형은 듣는 사람의 의지를 무시한 일방적인 강요인 데 비해, 의뢰형은 상대의 의지를 존중한 뒤에 부탁하는 것이다.

"좌석을 세워주세요."(명령형)

"벨트 매세요, 창문 여세요."(명령형)의 표현보다

"좌석을 세워주시겠습니까?"(의뢰형)

"벨트 매주시겠습니까? 창문 좀 열어주시겠습니까?"(의뢰형) 등의 표현으로 필요한 요구나 지시도 부드럽게 할 수 있다.

또한 고객을 응대할 때 항상 "부탁드립니다", "Please" 등의 한마디를 붙이는 것만으로도 고객과의 대화가 부드러워질 수 있으며 서비스맨의 품격도 높아질 것이다.

5) 부드러운 쿠션언어를 사용한다

승객의 요청에 부정적인 답변이나 양해를 구해야 하는 경우, 처음부터 'No', '안된다'라고 말하기보다, 쿠션어를 사용하여 다음과 같이 표현하도록 한다.

- "대단히 죄송합니다만, ○○○는 준비가 되어 있지 않습니다."
- "실례합니다만, 잠시 지나가겠습니다."

다음과 같은 표현은 피한다.

- 그것은 없어요. 안 실려요.
- 마음대로 자리 바꾸시면 안됩니다.
- 제 서비스 존이 아니거든요.

6) 플러스법 위주의 대화를 한다

서비스는 말과 행동으로 이루어진다. 그 가운데서도 적절하게 말로써 응대하는 것은 친절한 서비스에서 매우 중요한 부분이 된다.

　다음의 예와 같이 일상생활에서도 플러스법 위주의 표현은 대화를 부드럽게 만든다.

- 조금 비싸기는 하지만 굉장히 맛있습니다(마이너스-플러스=플러스).
- 굉장히 맛있지만 조금 비쌉니다(플러스-마이너스=마이너스).

　또한 고객은 두 단어, 즉 복수로 말할 때 친절함을 느끼게 된다.

　고객으로부터 무언가 부탁을 받으면 "예" 하고 소극적인 응대를 하기보다는 "예, 곧 갖다 드리겠습니다."라고 자신감 있게 말하는 것이 고객입장에서 볼 때 신뢰감이 든다. 단순한 것 같지만 복수로 응대하는 것이 친절함을 느끼게 하는 데 큰 영향을 미치므로 평소에 실천하고 습관화시키도록 해야 한다.

■ 복수 응대의 예
- "네, 그렇게 하겠습니다."
- "네, 곧 가져다 드리겠습니다."
- "손님, 부르셨습니까?"
- "손님, 무엇을 도와드릴까요?"
- "고객님, 잠시만 기다려주시겠습니까?"

7) Service Speech는 'I Message'이다

　고객에게 말할 때 나 혹은 우리가, 고객을 위해 혹은 고객과 함께할 수 있는 것에 초점을 맞추어라.

　'나 전달법(I Message)'은 나의 입장에서 느끼는 것을 상대방에게 말하는 것으로 "나는 ~를 하는 게 좋을 것 같다"라고 전달하게 된다. 반면 '유 전달법(You Message)'은 상대방을 화자로 삼아 "너 때문이야", "너는 왜~"라는 말로 상대에 대한 불만을 이야기하는 경우가 많다.

마찬가지로 "손님이… " 하는 단어는 도전적으로 들릴 수 있다. 반면 "저는…" 하는 단어는 책임의식 있게 들린다.

예를 들어 "손님이 기내식을 아직 못 받으셨군요…"라는 말보다 "제가 미처 드리지 못해 죄송합니다." 하는 식이 바람직하며 이는 도전적인 자세를 취하지 않고 문제를 해결하는 태도로 고객의 불만을 해소시킬 수도 있다.

마찬가지로 "기다리세요"보다는 "제가 곧 가져다 드리겠습니다"라고 표현하는 것이 바람직하다. 그러나 반면 무언가 상대방을 도와주고 싶은 마음이 든다면 "도움이 필요하시면 언제든지 말씀해 주세요"라고 표현해야 한다.

이는 곧 어떤 말의 격식이나 형식을 지키기 위함이 아닌 상대를 배려하는 마음을 표현하는 언어습관을 기르도록 하자는 의미임을 나타낸다고 할 수 있다.

8) 단 한마디도 주의 깊게 한다

준비시간이 지체될 경우에는 "죄송합니다만, 5분 정도 기다려주시겠습니까?" 등의 표현으로 정확하게 안내할 수 있어야 한다.

고객이 기다리는 시간은 같으나 서비스맨의 주의 깊은 말 한마디로 고객이 기다리는 시간은 길게 느껴질 수도, 아주 짧게 느껴질 수도 있을 것이다. 또한 이러한 고객응대 말씨는 고객에게 서비스맨의 세심한 준비성을 일깨워 사소한 것에서부터 서비스를 더욱 신뢰하게 만드는 계기가 될 수 있다. 단 한마디가 달라도 고객이 받는 인상은 크게 달라질 수 있는 것이다. 작은 일에서부터 '항상 무엇에든 책임을 지고 틀림이 없다'는 확신으로 고객에게 좋은 이미지를 보여주어야 한다.

또한 "언제 기내식 주나요"라고 묻는 승객에게 "식사서비스 지금 시작하니까 기다려주세요." 하는 표현보다 "기내식은, 지금 준비 중입니다. 조금만 기다려주시겠습니까?" 하는 표현이 바람직하다.

직장에서 상사의 질문에 간단히 대답하는 경우에도 충실하고 유능한 이미지를 보여줄 수 있다. "예.", "아니요." 식의 간단한 대답보다는 일의 진행이나 결과에 대한 상황을 설명하는 것이 바람직하다.

9) 승객응대 시 승객을 기억하여 호칭하며 서비스한다

'자신을 기억해 주는 서비스가 가장 좋은 서비스'라는 조사결과가 있다.

대화의 첫인상은 호칭에서 결정된다. 고객의 이름을 기억하여 사용하는 것은 고객과의 관계를 친밀하게 하는 좋은 방법이며, 이는 서비스맨의 의지가 있어야 한다. 또한 중요한 것은 언제나 호칭하는 것, 그 자체가 중요한 것이 아니라 한 분 한 분 고객에게 관심을 갖는 것이다.

고객에게 어쩌다 '한 번 정도만 하면 되겠지' 하고 호칭하는 것은 고객에게 형식적인 느낌을 줄 수도 있다. 반면에 지나치게 남발하여 사용하면 오히려 부담스러울 수도 있다. '이때쯤이다'라고 생각될 때 자연스럽게 호칭하기 위해서는 그 타이밍, 상황 등을 파악하는 센스가 필요하다.

대부분의 사람들은 특별하게 인식되고 특별한 개인으로 보이는 것처럼 느끼고 싶어 한다. 고객이 어떤 식으로 불리길 원하는지 아는 것은 그 고객을 응대하는 데 있어서 매우 중요한 영향을 미칠 수 있다. 그러나 만약 고객과의 대화를 시작하자마자 호칭으로 인해 실수를 한다면 회복하기 쉽지 않다.

고객의 이름을 알고 대화를 통해서 몇 번 그리고 헤어질 때 인사하면서 이름을 호칭하라. 손님이란 호칭 대신 고객의 직함을 부르라. 이는 서비스맨이 고객을 중요하게 인식하고 그들의 시간을 존중하는 것처럼 들릴 것이다.

- 고객을 부를 때 원칙적으로 이름을 불러서는 안되며 고객의 입장을 고려한 올바른 호칭을 사용해야 한다.
- 고객의 호칭은 인사말을 하고 나서 대화 중간에 언급하는 것이 무난하다.
- 직위를 알지 못하거나 신분 노출을 원하지 않는 승객, 옆 좌석 승객보다 하위 직위 승객의 경우는 호칭을 생략한다.
- 사전에 정보가 없거나, 직위에 대한 기록이 없는 경우 호칭에 어려움이 있으나 서비스 중에 우연히 고객의 직위를 알게 되었다면 조심스럽게 호칭하는 것도 하나의 방법이다.
- 직함을 알고 있는 경우 함께 붙여 사용하며 보편적 호칭은 [성 + 직함 + 님]의

방식이 무난하다. 예를 들어 '김 교수님' 같은 방식이 무난하다. 서비스 중
호칭을 반복할 때 성은 생략하고 [직함 + 님]이 좋다.

- 직함이 불분명한 승객의 호칭은 20세 이상의 승객은 선생님, 여사님, 손님
  등이 적절하다.
- 외국인의 경우 정확한 호칭을 사용할 수 없을 때 남자인 경우 'Sir', 여자인
  경우 'Ma'am'이 무난하다.
- 고객에게 서비스 시 항상 정중하고 예의 바른 어조를 유지하는 것이 중요하다.

항공기 내에서 생긴 일이다. 어느 승객이 승무원에게 서비스에 대해 언성을 높이
며 심한 불평을 했다. 이때 그 승무원은 아무 변명도 없이 "김 사장님, 죄송합니다"
라고 응대했다. 그러자 그 승객은 다소 누그러진 톤으로 "당신이 날 어떻게 알아?"
하고 물었다. "제 집에 오신 손님인데요. 불편한 점이 있으셨다면 정말 죄송합니
다." 그 승객은 알았다며 자신의 좌석으로 돌아갔다. (승무원은 그 승객의 일행끼리 호칭
하는 것을 듣고 기억해둔 것이었다.) 만약 그 승무원이 "손님, 무엇 때문에 그러시죠?"라
고 응대했다면 상황은 어떻게 되었을까?

적절한 호칭의 사용

대상인사	호 칭
사모님	본래 '스승의 아내'에게 사용하였지만 오늘날 부인의 존칭으로 변한 것으로 특별한 고객에게 서비스를 제공할 경우에 사용한다. 아줌마, 아저씨 등의 호칭은 사용하지 않는다.
선생님	『논어(論語)』에서 父兄을 뜻하고, 『예기(禮記)』에서 노인이나 스승을, 고려시대엔 과거에 급제한 선비에게 붙였다. 근래에는 연장자에 대한 공손한 경칭으로 정착되어 30대 이상의 고객에게 무리 없이 사용이 가능하다.
사장님, 부장님	비교적 상대를 잘 아는 경우에는 선생님, 손님보다는 직함으로 호칭하는 것이 훨씬 부드럽고 친근감을 줄 수 있다. 고객이 듣고 싶어 하는 호칭을 사용하는 것이 가장 좋다.

대상인사	호 칭
어르신	남의 아버지나 나이 많은 사람에 대한 경칭으로 사용한다.
초등학생, 미취학 어린이	'○○○어린이/학생'의 호칭 사용 잘 아는 사람이라면 이름을 불러 친근감을 줄 수 있으나 처음부터 반말의 사용은 피한다. 필요시 '○○○고객님'으로 성인에 준하여 호칭하는 경우도 있다.
고객님/손님	고객을 따뜻하게 맞이하겠다는 마음이 그 말 속에 녹아 있다면 "고객님", "손님"은 가장 적절하고 무난한 호칭이 될 것이다.
○○○님	기내에서 승객의 이름을 확인해야 할 필요가 있는 경우, ○○○님으로 호칭한다면 고객은 아주 특별한 느낌을 받는다. 최근 어느 장소에서나 고객을 호칭할 때 이름에 '님'을 붙여 친근하게 사용하는데, 고객을 존중하는 친근한 느낌을 준다.

승객과의 대화요령

고객과의 커뮤니케이션 시 우선 고객이 편하게 말할 수 있도록 진정한 관심을 보이며 공감대를 형성하는 것이 중요하다. 마음을 열고 선입견과 고정관념, 방어적 태도를 버려야 하며 고객이 관심과 도움을 받고 있다는 느낌을 가질 수 있도록 해야 한다.

이를 위해서는 고객의 커뮤니케이션 스타일을 파악하고 이해함으로써 고객의 언어로 고객의 눈높이에 맞춰 대화한다. 이때 적절한 언어적/비언어적인 반응과 자세가 중요하다.

1. 먼저 자신을 소개하라

대화의 시작은 먼저 자신의 이름부터 정확히 말하는 것이다.
"안녕하십니까? 저는 담당승무원 ○○○입니다."

대상이 누구든, 만나서 얘기하든지 전화로 얘기하든지 우선 자신의 이름을 밝히는 데 주저하지 마라. 이는 대화의 시작이며 기본적인 예의이다.

2. 경어 사용보다 서비스맨의 정중한 태도가 더 중요하다

아무리 경어를 잘 사용하고 있어도 로봇처럼 무표정하게 반복하는 형식적인 말씨나 일의 절차를 서둘러 처리하는 듯한 위압적인 말투는 오히려 역효과를 줄 수 있다. 고객에게 친근함이나 존중을 표현하는 데에도 요령이 필요하다.

우리가 타인과 얘기할 때 상대방의 말만 듣고 있는 것은 아니다. 말과 함께 상대방의 태도나 표정, 몸짓 또는 어조 등으로부터 그 사람의 마음을 직접 느끼고 분별하게 된다. 마찬가지로 고객의 눈을 보고 있지 않았다든지 마치 책을 읽는 것 같은 억양으로 귀찮다는 듯이 말한다면 비록 경어를 잘 쓴다고 해도 고객에게 불쾌감을 주게 된다. 서비스에 관한 평가가 주로 서비스맨의 태도에 관련되는 경우가 많은 것과 같이, 경어도 말하는 사람의 태도와 하나가 될 때 비로소 그 힘을 발휘할 수 있다.

3. 자신의 언어를 표현하라

자신의 언어로 상대방에게 말할 수 없으면 능력 있는 인간적인 서비스맨이라고 말할 수 없다.

"안녕하십니까, 어서오십시오", "안녕히 가십시오" 등의 너무 틀에 박힌 상투적인 인사말보다 상대방을 좀 더 생각하고 배려해서 구체적으로 마음을 표현하는 인사를 건네도록 한다.

탑승이 지연된 경우 "오래 기다리셨습니다. 죄송합니다."

출장을 가는 승객에게 "도착하시면 회의가 잘 되었으면 좋겠네요."

여행을 떠나는 승객에게 "여행 잘 다녀오세요."와 같이 말의 내용에 변화를 준다면 따뜻한 대화가 될 수 있을 것이다.

이처럼 항상 판에 박은 듯 똑같지 않고 그 사람이나 장소에 적합한 매력적인 인사말이나 표현방법을 찾아서 자신의 언어로 배려해서 말하는 대화법이야말로 상대를 기분 좋게 하는 기술이다. 고객에 대한 관심과 배려의 마음으로 자신만의 언어를 표현해 보도록 한다.

4. 초면에 사적인 이야기를 하지 않도록 한다

이야기할 때에는 상대방과의 상황을 잘 판단해서 대화의 화제는 반드시 서로 주고받는 것으로 한다. 화제에 있어서 공통적인 의견이 되도록 마음을 쓰며 상대가 흥미로워하는 화제를 빨리 알아야 한다. 또한 상황에 따라 화제를 바꾸어 상대의 입장을 존중해 준다.

기내에서 승객과 대화할 때, 뉴스, 날씨, 여행, 스포츠, 문화, 음악, 예술, 취미를 중심으로 최근 자신이 감격했던 일이나 멋지다고 생각했던 일 등 즐거운 화제를 선택하는 것이 좋다.

자신의 일, 상급자, 동료, 회사, 다른 고객들에 대해 불평 등 만남의 시간을 남의 이야기로 낭비해 버리는 것은 바람직하지 못하다.

대화의 시작부터 사람을 불쾌하게 만드는 것은 말씨 이전의 중요한 문제이다. 또한 신체에 관한 것, 배우자, 인종, 정치, 금전, 병력, 나이, 종교, 결혼, 수입 등의 사적인 화제도 피하는 것이 좋다.

5. 대화를 종결시키는 어구를 사용하지 않는다

일상 생활에서도 대화를 자연스럽게 이끌어가고자 한다면, 가급적 상대의 대답이 'Yes, No'로 나오는 질문으로 대화를 시작하지 않는다. 대화가 종결되기 쉽기 때문이다. 고객과의 대화를 부정적인 상황으로 몰고 가는 가장 나쁜 방법은 대화를 종결시켜 버리는 것이다.

대화의 종결 요인에는 화자의 말을 즉시 중단하게 만드는 단어나 어구가 포함된다. 고객과의 대화를 종결시키는 다음과 같은 어구는 삼가야 한다.

- 말도 안됩니다.
- 그러니까 손님이 잘못하신 것이지요.
- 손님의 경우는 그럴 수 없습니다.
- 손님이 이해를 잘 못하신 것 같습니다.
- 손님이 그런 말씀을 하시면 곤란하지요.
- 지금 제겐 결정권이 더 이상 없습니다.

6. 밝고 적극적으로 고객을 리드한다

고객서비스 시 항상 밝은 어조와 긍정적인 화제를 가지고 고객에게 다가가며, 고객이 자유자재로 이야기할 수 있는 분위기를 연출해야 한다.

대화 중에는 고객의 이야기가 엉뚱한 방향으로 흐르지 않도록 도와야 하며, 이야기가 너무 길어지거나 할 경우엔 상황에 맞게 끊을 수 있는 기술도 필요하다. 이 부분이 너무 어렵다면 이야기 도중에 긍정적인 제스처와 함께 본인이 끌어가고자 하는 내용으로 자연스럽게 질문을 던지면 된다. 상대방은 긍정적인 제스처를 했기 때문에 자신의 이야기를 잘 받아들였다고 생각하게 될 것이다.

7. 유머와 칭찬을 활용하라

서비스맨이라면 상황에 맞는 화제를 재빨리 알아채고, 상황에 따라 서먹해지기 쉬운 분위기를 친밀감 있고 부드럽게 바꿀 줄 알아야 한다. 필요하다면 유머로 고객을 미소 짓게 할 수도 있다. 이를 위해서 평소 상대방에 대한 관심, 그리고 다양한 방면에 대한 풍부한 경험과 지식이 구비되어 있어야 한다. 그래야만 고객의 수준과 취향에 맞는 화제를 적시적지에서 끌어낼 수 있다.

또한 고객을 칭찬하거나 축하할 기회를 찾는 것도 대화를 부드럽게 하는 방법이다. 고객이 말하는 내용을 잘 듣고 공통으로 갖고 있는 특별한 관심사들을 찾아 맞장구를 치며 고객의 화제에 호응한다. 칭찬과 관심은 상대방의 기분을 좋게 하고 사고력까지 마비시킨다.

칭찬이야말로 고객에 대한 배려이며 관심이다. 다만 진심에서 나오는 칭찬이어야 하며, 고객이 제공하는 정보의 범위 내에서 활용해야 한다. 즉 사적인 영역을 침범하지 않아야 한다. 유효적절한 칭찬의 기술을 터득한 사람이야말로 서비스맨의 자질이 충분하다고 할 수 있다.

예를 들어 "지금 ○○ 여행을 하고 돌아왔다"고 말하는 고객이 있다면 그 지역에 관한 공통점을 찾아 대화를 이끌 수 있을 것이다. 이로써 고객과 결속되고 고객은 서비스맨의 관심에 감사할 것이다.

8. 대화할 때 유의사항

- 특정 고객과 장시간 대화하여 주위의 다른 고객에게 편중된 서비스라는 인상을 주지 않도록 유의한다.
- 설득, 교육시키는 태도보다는 고객의 입장에서 이해하고 납득할 수 있도록 우회적인 방법으로 설명하며 가르치는 듯한 느낌을 주지 않도록 유의한다. 말끝마다 "아시겠습니까?", "알아들으셨어요?" 하고 확인 또는 강요하는 듯한 말투는 바람직하지 않다.
- 이야기가 중단된 적당한 때에 "실례합니다", "맛있게 드십시오", "식사는 어떠셨습니까?", "치워드리겠습니다" 등의 말을 건네도록 한다.
- 다음과 같은 산만하고 불안한 개인적인 습관 등은 부정적 메시지가 된다. 또한 불확실한 메시지를 전달하거나 어떤 것을 숨기고 있다는 사실을 시사하는 것으로서, 이는 고객과의 관계형성에 방해가 될 수 있다.
  - 대화 중에 상대방의 물건이나 옷 등을 만지작거리는 손버릇
  - 자신의 몸을 긁거나 머리카락, 얼굴을 만지면서 말하는 것
  - 자신의 입술을 물거나 핥는 것, 입 근처에 손을 대는 것
  - 손가락으로 두드리거나 다른 도구를 이용하여 만지작거리는 것
  - 서비스 도중 음식물, 껌을 씹으며 대화하는 것

9. 상황에 따른 대화법

1) T.P.O.에 따른 서비스 대화

(1) 고객을 맞이할 때 : 밝은 표정과 경쾌한 목소리로 고객과 눈을 맞추면서 인사한다

- 어서 오십시오, 어서 오세요.
- 안녕하십니까? 안녕하세요?
- 무엇을 도와드릴까요?

(2) 재촉할 때 : 지시, 명령의 어투가 되지 않도록 어조에 유의해야 한다

- 죄송합니다만, 조금만 서둘러주시겠습니까?

(3) 기다리게 할 때 : 시간이 오래 걸릴 경우 구체적인 이유를 설명하여 양해를 구해야 한다

- 죄송합니다만(○○○ 이유로 지금은 곤란합니다, 시간이 좀 걸릴 것 같습니다). 잠시만 기다려주시겠습니까?
- 책임자와 상의해서 곧 처리해 드리겠습니다.

(4) 주문받은 내용을 늦게 서비스하는 경우 : 진심에서 우러나오는 사과의 마음을 적극적으로 표현해야 한다

- 오래 기다리셨습니다, 오래 기다리시게 해서 죄송합니다.

(5) 고객에게 질문을 하거나 부탁할 때 : 예의 바르고 정중한 어투를 유지해야 한다

- 죄송합니다만, ○○해 주실 수 있겠습니까?
- 번거로우시겠지만, ○○해 주시겠습니까?
- ○○을 부탁드려도 되겠습니까?
- 괜찮으시다면, 연락처를 말씀해 주시겠습니까?

(6) 고객의 이름을 확인해야 할 때

- 실례지만, 성함이 어떻게 되십니까?
- 실례합니다만, ○○○님이십니까?
- 실례지만, 성함을 여쭤봐도 되겠습니까?

(7) 고객이 말한 내용을 확인해야 할 때

- 죄송합니다만, 한 번 더 말씀해 주시겠습니까?
- 죄송합니다만, 다시 한 번 말씀해 주시겠습니까?
- 죄송합니다만, ○○라고 말씀하셨습니까?

- 죄송합니다. 제가 잘 못 들었습니다, 한번 더 말씀해 주시겠습니까?
  감사합니다.

(8) **상대방의 의견을 물을 때** : 강요하는 식의 말투를 지양하고 불만을 야기하지 않도록 유의한다

- 어떠시겠습니까?
- 어떠십니까?

(9) **고객의 용건을 받아들일 때**

- 감사합니다.
- 네, 잘 알겠습니다.
- 네, 손님 말씀대로 처리해 드리겠습니다.

(10) **고객에게 감사의 마음을 나타낼 때**

- 찾아주셔서 감사합니다.
- 항상 이용해 주셔서 감사합니다.
- 멀리서 와주셔서 감사합니다.

(11) **고객을 번거롭게 할 때**

- 죄송합니다만….
- 대단히 송구스럽습니다만…
- 번거롭게 해드려 죄송합니다.

(12) **고객에게 거절할 때**

- 정말 죄송합니다만….
- 정말 미안합니다만….
- 말씀드리기 어렵습니다만….

(13) 용건을 마칠 때

- 대단히 감사합니다.
- 오래 기다리셨습니다. 감사합니다.
- 기다리시게 해서 정말 죄송합니다.

(14) 고객으로부터 재촉받을 때

- 대단히 죄송합니다, 곧 처리해 드리겠습니다.
- 대단히 죄송합니다. 잠시만 더 기다려주시겠습니까?

(15) 고객의 질문에 대해 답변할 수 없을 때, 모를 때, 즉시 대답할 수 없을 때

- 죄송합니다만, 잘 모르겠습니다.
- 지금 당장은 모르겠습니다만, 다시 알아봐 드리겠습니다.

(16) 고객에게 곤란한 부탁을 받은 경우 : 직접적인 표현은 삼가고 우회적인 말을 사용하여 감정의 대립이 생기지 않도록 하며, 반드시 대안을 제시한다

- 지금은 다소 곤란합니다만, 곧 알아봐 드리겠습니다.
- 곤란한 일입니다만, 알아보겠습니다.
- 죄송합니다만, ○○는 곤란합니다. ○○는 해드리기 어렵습니다.
- 죄송합니다만, ○○하기 어렵습니다.
- 그렇게 하기는 곤란합니다. 죄송합니다. 다른 ○○는 어떻겠습니까?

(17) 고객이 불평을 할 때

- 네, 그렇게 말씀하시는 것이 당연합니다. 죄송합니다.
- 죄송합니다. 다시 확인해 보겠습니다. 잠시만 기다려주시겠습니까?

2) 동작에 따른 서비스대화

(1) 고객과 스쳐가며 부딪쳤을 때

- 실례했습니다, 죄송합니다.

(2) 고객 뒤를 지나갈 때

- 실례하겠습니다, 뒤로 지나가겠습니다.

(3) 고객의 뒤에서 말을 걸 때

- 실례합니다.

(4) 입구나 출구, 엘리베이터 등에서 고객과 맞부딪칠 때

- 실례했습니다. 먼저 가십시오.

(5) 고객에게 물건을 넘길 때

- 여기 있습니다.

(6) 물건을 가리킬 때

- 저쪽(이쪽)에 있습니다.
  계단을 올라가서 우측에 있습니다(손의 동작도 함께).

제4절 승객응대의 기본자세

1. 작은 행동 하나가 최고의 서비스를 만든다

서비스맨의 친절하고 세련된 응대는 회사를 찾는 고객에게 좋은 인상을 심어줄 수 있다. 따라서 서비스맨의 표정, 복장, 말씨, 태도 등 일거수일투족은 고객에게 소속 회사에 대한 호의 또는 불쾌한 인상을 줄 수 있으므로 고객으로부터 호감을 받을 수 있는 고객응대 기술이 필요하다.

1) 고객응대의 마음가짐

- 따뜻한 마음으로 항상 성의를 갖고 응대한다.
- 친절한 미소와 친근한 인사로 예의 바르게 행동한다.
- 형식적인 말투가 아닌 마음을 담아 고객의 요구에 적극적으로 응한다.
- 항상 용모복장을 단정히 한다.
- 자신감 있는 응대를 위해 평소 업무지식을 충분히 갖춘다.
- 고객과 약속한 사항은 반드시 지키도록 한다.
- 고객의 이야기를 더 많이 듣고, 고객의 감정 상태에 마음으로 공감한다.
- 고객과 인간적인 교감을 나눈다.
- 고객이 요구하기 전에 미리 알아서 서비스한다.
- 즐거운 마음으로 고객에게 도움이 되는 작은 친절을 베푼다.
- 항상 관심을 기울이고 있음을 보인다.

2) 고객응대 시 주의해야 할 태도

- 고객의 요구나 문의에 무관심한 모습을 보이지 않는다.
- 바쁜 때라도 항상심을 잃지 않는다.
- 고객의 영역에 지나치게 개입하지 않는다.

- 고객을 무작정 기다리게 하지 않는다.
- 근무 중에 동료와 잡담하거나 고객에 대해 얘기하지 않는다.
- 고객과 논쟁하지 않는다.

2. 고객을 최우선으로, 고객의 입장에서 생각하고 판단하라

서비스 정신은 고객의 입장에서 생각하고, 고객의 심정이 되어서 고충을 느끼고, 배려해서 일 처리를 하는 역지사지(易地思之)와 역지감지(易地感之)의 정신이다.

기업 측면에서 아무리 훌륭한 시설과 서비스를 제공한다 해도 고객의 입장에서 만족하지 못하면 의미가 없다.

상대방의 입장에서 불편과 불만족을 파악하고 감정이입을 통해 상대방과 정서적으로 하나가 되는 입장을 취함으로써 고객을 진정으로 이해할 수 있는 자세를 갖출 수 있다. 항상 고객의 목소리에 귀 기울이고 입장을 바꿔 생각해 보는 것이야말로 고객응대의 기본이다.

3. 고객 개개인에게 정성을 다하라

획일화되기 쉬운 서비스의 문제점을 극복하는 길은 서비스를 개별화하는 것이다. 개별화 서비스란 고객 개개인의 개성과 취향을 존중하는 개인에게 초점을 둔 차별화된 서비스를 의미한다. 고객의 개성을 존중하고 고객의 욕구 및 감성까지 염두에 두어 이에 맞는 다양한 서비스를 제공해 나가야 한다.

줄을 서서 기다리는 고객들을 응대할 때 무심코 서비스맨은 "다음 분!" 하고 응대한다. 고객 개인에 초점을 맞추어 그들의 기다림, 시간, 노력 등에 인간적으로 응대하는 세심함이 필요하다. 서비스맨이 모든 고객에게 같은 말을 되풀이해서 말하고 있음을 오랜 시간 줄 서서 기다리고 있는 다음 사람에게 알리는 우를 범해서는 안된다.

다양한 유형의 고객들에게 성공적으로 서비스하는 방법은 그들의 행동으로 일정하게 분류하여 유형화하지 않고, 고객 한 명 한 명을 특별하게 대하는 것을 말한다. 즉 서비스맨은 한 가지 유형의 고객을 한 가지 커뮤니케이션 기술로 응대하는 것이 아니라, 다양한 유형의 고객에 맞는 다양한 커뮤니케이션 기술을 발휘해야 한다.

4. 고객의 마음을 읽어라

고객과의 대화에서 가장 중요한 부분은 바로 고객의 마음을 읽는 것이다. 그러나 첫 만남에서 상대의 마음을 읽기란 쉬운 일이 아니므로 너무 조급하게 생각하지 말고 스스로 긴장을 풀고 침착하게 말한다.

대화하기에 앞서 고객과 자주 눈맞춤을 하도록 노력하고 부드러운 미소로 표정 관리에 조금만 신경을 쓴다면 서로 긴장은 풀리게 마련이다.

'고객의 마음을 사로잡는 것은 무엇일까' 생각해 보고 고객이 기뻐하고 만족하는 모습에서 자신의 기쁨을 찾는다면 고객의 보이지 않는 마음까지 읽어낼 수 있다. 서비스맨의 사명이 서비스를 통해 고객에게 작은 정성으로 큰 감동을 맛보게 하는 것이라면 그 첫걸음은 항상 고객에게 흥미와 관심을 갖는 것이라고 할 수 있다. 고객의 마음을 미리 알아차려 구체적인 형태로 대응하는 적극적인 자세야말로 서비스맨에게 필요한 조건이다.

일례로 비행기 내에서의 일이다. 탑재된 허니문케이크를 전달하면서 주문한 승객에게 "허니문케이크 주문하셨죠? 여기 있습니다." 하고 가버리는 승무원이 있는가 하면, "결혼 축하드립니다. 주문하신 허니문케이크입니다. 즐거운 신혼여행 되십시오"라고 축하의 말을 덧붙이는 승무원이 있다.

단순히 묻는 말에 대답만 하는 서비스가 아니고 미리 알아서 요구하기 전에 먼저 더 많이, 더 빨리, 더 감동적인 서비스를 하도록 노력해야 한다.

항공기 내에서 승무원이 한 사람의 승객에게 한 잔의 물을 서비스하는 경우에도 세 가지 형태의 서비스가 이루어진다.

첫 번째, 비행 중 객실의 건조함으로 인해 갈증을 느낀 승객이 승무원에게 물 한 잔을 주문할 경우, "네, 곧 가져다 드리겠습니다." 하고 돌아서서는 아무 소식이 없다. 승객의 마음에 불만이 쌓여갈 것이다.

두 번째, 승객의 주문을 받은 승무원이 곧바로 물 한 잔을 가져다 드린다. "시원하게 드십시오." 승객은 당연한 서비스를 받았다고 생각할 것이다.

세 번째, 승객이 승무원에게 주문을 하기도 전에 승무원이 승객의 마음을 읽고 물 한 잔을 들고 다가간다. "비행기 안이 건조해서 갈증이 많이 나시죠? 시원한 물 한 잔 드시겠습니까?"

이제 서비스는 고객이 요구하기 전에 고객의 마음을 읽고 미리 적극적으로 응대해야 하는 것이다. 이를 위해서는 고객에 대한 무한한 애정으로 고객의 일을 내 자신의 일처럼 여기고 신경을 써야 한다. 항상 고객으로부터 눈과 귀를 떼지 않아야 고객의 요구를 알아낼 수 있다. 변하는 고객의 요구와 기대를 읽고 그에 따라 서비스맨의 서비스도 날마다 업그레이드되어야 한다.

고객 개개인의 행동을 잘 관찰하라. 그들이 서두르고 있는지, 관심을 갖고 있는지, 그냥 둘러보는 것인지 살펴보는 것이다. 고객의 욕구를 충족시키기 위해 어떻게 행동해야 하는지 그 속에서 실마리를 찾을 수 있게 된다.

서비스맨은 고객에 대해 많이 알수록 감동적인 서비스의 방법을 찾기가 수월하다.

5. 고객에게 즉각 반응하라

고객서비스에 있어 중요한 핵심이자 가장 쉬운 방법은 고객의 요구에 즉각적으로 '반응'하는 것이다. 언제든 "무엇을 도와드릴까요?" 하는 자세로 임한다. 고객이 도착하거나 서비스맨에게 다가올 때 일어서서 고객에게 인사하고 마음으로 다가가라. 간절히 돕고자 하는 마음을 보인다. 고객이 장소를 물어본다면 그 자리에서

손으로 지적하거나 가리키지 말고 직접 발로 안내하라.

서비스 품질 요소의 하나인 반응성은 고객을 돕고 즉각적으로 신속한 서비스를 제공하려는 자세, 고객 욕구의 반응 정도를 말하며 이러한 적극성은 서비스맨의 중요한 자질이다.

승객이 들어서면 승객에게 몸의 방향을 돌려야 한다. 그리고 친근한 표정으로, 고객의 시선을 바라보며, 상황에 맞게 허리 굽힌 자세로 "어서 오십시오. 안녕하십니까?" 하고 인사하는 것이 진정으로 고객을 환대하는 마음을 보이는 것이다.

서비스에 대한 고객의 첫인상은 서비스맨이 고객에게 접근하는 첫 단계에서 결정된다. 고객에게 접근하는 첫 단계의 성패는 그 50%가 첫 번째 자세에 의해 결정된다. 고객이 들어서면 반사적으로 우선 반갑게 고객을 맞이한다.

고객에게 응대하는 속도는 고객의 중요성에 대한 인식의 표현이다.

만약 고객에 대한 서비스가 지체될 것 같다면 고객에게 이유를 설명하고 적절하고 유용한 대체 서비스를 제공하라.

승무원은 기내에서 승객의 호출에 즉각 반응하는 것은 물론, 기내 복도를 지나다니면서 승객의 눈빛을 잘 읽어야 한다. 무엇보다도 고객이 주는 정보를 파악하여 그에 대응할 수 있는 능력이야말로 세련된 응대기술이다.

승객의 상황에 대한 반응

- 다음 승객들을 보았을 때 어떻게 해야 할까?
  - 땀을 흘리면서 탑승하는 승객
  - 아이를 안고, 유모차를 끌고 들어오는 승객
  - 짐을 양손으로 들고 들어오는 승객
  - 탑승권을 들고 두리번거리면서 들어오는 승객
  - 짐을 보관하려는데 곤란한 표정을 짓고 있는 승객
  - 옷을 들고 코트룸 앞에서 곤란한 표정을 짓고 있는 승객
  - 비행 중 혼자 무료한 듯 보이는 승객
  - 꽃바구니를 들고 탑승하는 신혼부부인 듯 보이는 승객
  - 기내에서 두리번거리며 어딘가를 찾는 듯한 승객

6. 고객의 입장에서 최대한 예의 바르고 친절하게 응대하라

고객에게 장소를 안내하거나, 고객의 질문에 답변을 하거나, 고객이 무엇을 원하는지 고객의 고충을 듣거나, 고객이 떠날 때까지 어느 것 하나 소홀함이 없도록 고객의 입장에서 예의 바르고 친절하게 응대해야 한다. 어떠한 일이 있더라도 고객의 앞에서 얼굴을 붉히거나 화를 내지 않는다.

항상 고객의 시선을 마주보고 밝은 표정과 기쁜 마음으로 반갑게 인사하며 열정적으로 도움을 제공할 의사를 보인다.

- 안녕하십니까? 어서 오십시오.
- 반갑습니다.
- 좌석을 안내해 드리겠습니다.
- 무엇을 도와드릴까요?
- 잠시 기다려주시면 바로 처리해 드리겠습니다.

형식적인 인사가 아닌 마음에 남는 여운을 담은 감사의 인사를 한다.

- 이용해 주셔서 감사합니다.
- 즐거운 여행 되셨습니까?
- 안녕히 가십시오.
- 다음에 또 뵙기를 바랍니다.

7. 허락을 얻어라, 먼저 말하고 행동하라

고객이 '서비스맨이 무성의하다'라고 느낄 때는 바로 행동만 하고 말을 하지 않을 때이다. 말하지 않고 무표정한 행동으로 서비스를 한다면 친절과는 거리가 멀어지게 된다. 고객서비스 시 한 가지 행동을 할 때 반드시 한 가지 말을 하도록 한다.

기내에서 승객의 식사트레이를 한마디 말도 없이 치우기보다 '맛있게 드셨습니까?'라고 말하여 반드시 승객에게 허락을 얻어라.

이는 고객의 권위와 지위, 자존심을 높이는 일이며 고객으로 하여금 선택하게 함으로써 권력을 갖게 하는 일이다.

고객이 요청하지 않은 상태에서 갑자기 고객을 돕는 행위는 오히려 고객을 당황하게 할 수 있으며, 불만과 불쾌감을 초래하게 될 수도 있을 것이다.

8. 고객에게 재촉하지 말고 도움을 제공하라

고객을 밀어내듯 서비스하지 말고 어떤 도움이든 기꺼이 제공하라.

항상 서비스 말미에는 "더 필요하신 것이 있으십니까?"라고 물어 고객이 요구사항을 말할 여유 있는 기회와 시간을 제공하라.

특히 도움이 필요한 노인이나 장애 고객에게 기꺼이 도움을 제공하되 고객이 원하지 않을 경우 소란을 피우거나 우기지 말고 조용히 물러서라. 원하지 않는 도움은 고객을 당황하게 하거나 불쾌하게 할 수 있다. 고객을 가장 편하게 하는 것이 가장 좋은 서비스이다.

9. 고객과 파트너십을 맺어라

고객과 심리적으로 동료가 될 수 있다면 고객은 절대로 공격적일 수 없다. 고객 응대 시 고객의 의견을 묻고 대화를 통해 친밀한 관계를 형성하고 참여하도록 하여 관여도를 높인다. 고객의 의견, 제안 등을 수용하여 만족감을 높이는 것도 좋은 방법이다.

- 열린 마음으로 대하라.
- 솔직한 응대는 언제나 최선의 방법이다.

- 항상 미소를 띠고 긍정적인 이미지를 형성한다.
- 열심히 듣고 적절히 반응한다.

10. 고객은 인간적이고 열정적인 서비스를 원한다

열정이 있는 승무원이라면 규칙을 지키는 것도 중요하지만 어느 정도 허용되는 범위 내에서 규칙을 유연하게 적용할 줄도 알아야 한다.

고객은 누구나 기계적인 서비스가 아닌 인간적인 서비스를 원한다. 규칙에만 얽매이거나 틀에 박힌 태도를 버리고 인간의 감성이 배어 나오는 서비스를 하라. 평범한 서비스, 열정이 없는 서비스는 더 이상 고객의 발길을 붙들지 못한다. 자신의 서비스성향을 높여 자신의 관심과 열정을 밖으로 표현해 보라.

"저 승무원 아가씨! 아까 기내식에 나오던 그 작은 고추장 하나 줄 수 없을까? 외국에서는 음식이 입맛에 맞지 않을 텐데…"

어느 나이 드신 승객 한 분이 한 승무원에게 조심스레 말을 건넸을 때, 승무원에 따라 역시 서비스는 다를 수 있다.

"손님, 여기 있습니다." 하며 고추장 한 개를 가져오는 승무원이 있는가 하면, "뭐니 뭐니 해도 우리 입맛에는 고추장이 최고지요. 여행 중에 음식이 맞지 않으시면 드세요." 하며 고추장 몇 개를 봉투에 넣어 드리는 승무원도 있다.

항공기 내에서 불특정 다수의 승객을 응대하는 일은 의지만큼 잘 해내기가 매우 어렵다. 천차만별의 승객을 응대하는 승무원은 항공운송전반에 관한 풍부한 업무 지식을 바탕으로 현명한 상황 판단력, 세련된 커뮤니케이션 스킬을 갖추어야 한다. 또한 끝까지 감정적 평온을 유지하기 위해 자기를 스스로 통제하는 감정관리의 요령을 터득해야 한다.

승객이나 다른 누군가로 인해 실망하거나 감정이 생길 경우 냉정하게 자신을 자제하고 예의 바르게 행동하도록 한다. 그리고 잠깐 그 상황에서 벗어나서 마음을 가라앉히는 것이 바람직하다. 그렇지 못할 경우 다른 사람에게 도움을 요청하는 것도 하나의 방법이 될 수 있다.

1. 고객유형에 따른 응대방법

서비스맨으로서 다루어야 하는 많은 어려운 상황은 고객의 필요, 요구, 기대에서 비롯된다. 고객의 요구에 응대함에 앞서 고객의 감정상태가 어떠한지 이해하고 배려하며 진정시키도록 노력해야 한다.

모든 고객에게는 고객으로서 '이렇게 대접받았으면…' 하는 공통된 심리가 있지만 그 표현방법은 각양각색이다. 이러한 고객의 다양한 욕구를 만족시키기 위해서는 상대방에 맞춘 응대방법이 필요하다. 즉 다양한 유형의 고객에게 성공적으로 서비스하는 열쇠는 각각의 고객을 한 개인으로서 응대해야 한다는 것이다. 고객의 행동을 보고 대략 유형화하거나 일정한 유형으로 분류해서 동일한 방법으로 다루지 말아야 한다.

궁극적으로 효과적인 의사소통, 긍정적인 태도, 인내심, 기꺼이 고객을 돕고자 하는 마음을 통해 성공적인 고객서비스를 할 수 있다. 사람에 초점을 맞추기보다 상황과 문제 자체에 집중할 수 있는 능력이 중요하다. 고객의 행동을 상식적으로 이해하지 못한다 해도 '고객'이다. 고객과의 상호관계를 긍정적인 것으로 만들도록 노력해야 한다.

고객을 응대함에 있어 벌어지는 상황은 가지각색이다. 고객을 알아야 문제를 해결할 수 있다. 특히 까다로운 고객을 응대할 때는 침착하게 전문가다운 모습을 보이도록 한다. 화내고 짜증내고 목소리를 높이며 감정적으로 행동하는 고객은 대부분 서비스맨이 해결할 수 없는 구조, 과정, 조직 등에 화가 난 경우이므로 상황을 잘 듣고 고객의 입장에서 이해하도록 노력해야 한다.

1) 화가 난 고객

- 귀 기울여 들어라.
- 일단 진정, 안심시켜라.
- 긍정적인 태도로 제공이 불가능한 것보다 가능한 것을 제시하라.
- 고객의 감정을 인지하라.
- 객관성을 유지하라.
- 원인을 규명하라.

2) 무리한 요구사항이 많거나 거만한 고객

세세한 일에 주관적인 태도를 취하는 편이므로 상황에 따라서는 예기치 못했던 일이 발생할 수도 있다. 고객의 의견을 경청한 후에 상황을 있는 그대로 설명한다.

- 융통성 있게 요구를 적극적으로 들어주는 자세가 필요하다.
- 목소리를 높이거나 말대꾸하지 마라.
- 고객을 존중하라.
- 전문적이 돼라.
- 문제해결을 위해 긍정적으로 임하라.
- 고객의 요구에 초점을 맞추어 확고하고 공정한 태도를 유지하라.

- 부정적이고 불가능한 것에 초점을 맞추지 말고 서비스맨으로서 할 수 있는 것이 무엇인지 이야기하라.

3) 무례하거나 경솔한 고객

- 침착하고 단호하게 전문가답게 행동하라.
- 고객의 무례함을 들어 다른 사람 앞에서 고객을 창피하게 만드는 행위는 고객을 더욱 화나게 만든다.
- 노골적으로 반말을 하는 고객에게는 당황하거나 불쾌해 하지 말고 더욱더 정중한 태도와 말씨로 대응하는 자세가 요구된다.

4) 대화를 길게 하는 고객

- 따뜻하게 성심성의껏 대하되 대화의 초점은 맞춘다.
- 자유롭게 말할 수 있도록 개방형의 질문을 하되, 대화의 조절을 위해서는 '예, 아니요'로 답하도록 하는 폐쇄형 질문을 한다.
- 대화시간을 관리한다.

5) 뽐내고 싶어 하는 타입의 고객

자기를 과시하고 싶은 기분은 누구에게나 있는 것이지만, 그것을 특히 표면에 나타내는 타입이므로 거스르지 말고 존중하는 태도를 취하여 친절히 응대한다. 오히려 솔직한 면이 나타나 선뜻 협력해 주는 일도 적지 않다.

6) 조급한 성격의 고객

얼굴을 대하자마자 무언가 쫓기는 듯한 심정으로 급하게 이것저것 요구하는 고객이 있다.

서비스맨도 거기에 맞추어 민첩하게 행동하는 것이 중요하다.

서비스가 지연될 경우 적절히 상황설명을 해야 한다.

7) 말수가 적은 승객

머릿속에서는 이렇게 생각하고, 마음속으로는 여러 가지를 원하고 있어도 일단은 사양하고 좀처럼 확실한 의사표시를 하지 않는 고객이다.

조용하고 친절하게 진의를 살펴 물어보고 적절히 응대한다.

8) 활달하고 무신경한 듯 털털해 보이는 고객

밝고 솔직하게 응대하는 것이 중요하나 의외로 무례하거나 주의성 없이 행동하는 경우 고객의 불쾌감을 초래할 수 있으므로 특히 주의한다.

9) 신경질적인 고객

보통 아무것도 아닌 일을 대단히 마음에 걸려 하는 고객이다. 말씨나 태도에 특히 주의해서 상대를 자극하지 않도록 한다.

10) 의심 많은 고객

충분히 납득할 수 있을 때까지 질문을 하므로 대충 정확하지 않은 설명은 금물이다. 자신감을 갖고 확실한 태도와 말로 응대해야 한다.

위와 같은 고객의 유형은 사실 특별한 것이라기보다 평소 친구나 동료, 상사와의 관계에서 항상 체험하고 있는 것들이다. 인간은 누구나 타인으로부터 존중받고 싶어 한다는 기본적인 욕구를 이해하고 상대방의 입장에 서서 배려한다면 어떠한 유형의 고객과도 마음을 서로 합쳐 나갈 수 있다.

2. 다양한 유형의 고객응대

고객과의 관계에 있어서도 보편적인 고객의 심리를 파악하는 한편, 고객 한 사람 한 사람의 특수한 사정까지 헤아려서 응대하는 유능한 서비스 전문가가 되어야 한다.

고객은 각자의 성격이 상이함은 물론이고 서비스 경험 또한 다양하다. 그러므로 항상 고객 개개인에 대해 각별한 관심과 주의를 기울여야 한다.

1) 여성

- 일반적으로 실내온도, 음식, 서비스에 대해 예민하다.
- 유아나 어린이를 동반한 여성 고객은 도움을 더 많이 필요로 하면서도 잘 요구하지 않는 경향이 있으므로 적절한 시기에 미리 알아서 서비스를 제공하는 것이 바람직하다.

2) 어린이

- 아이들은 쉬지 않고 놀이를 즐기고 싶어 하므로 경우에 따라 다치지 않게, 혹은 다른 고객들에게 방해가 되지 않도록 부모의 협조를 요청할 필요가 있다.
- 자아를 인식할 수 있는 어린이에게는 반말을 하지 않도록 주의하고 마치 성인을 대하는 말씨와 태도를 보이는 것이 효과적이다.

3) 노년층 고객

- 어떠한 경우라도 절대로 공손함을 잃지 않는다.
- 고객의 반응에 인내하며 시간을 배려하고 끊임없이 응답한다.
- 특히 호칭에 유의해야 하며 친근감 있는 '할아버지, 할머니'의 호칭을 사용하고자 한다면 '할아버님, 할머님'으로 한다.

4) 처음 항공여행을 하는 고객

- 항공여행 경험이 없음을 알고 있다는 내색을 하지 말고 고객이 편안하게 느끼도록 대해야 한다.
- 고객의 질문에는 주변의 고객들이 눈치 채지 않도록 조용한 목소리로 확실한 답변을 하도록 한다. 상황에 맞게 충분한 도움을 제공한다.

5) 유명인사

- 대부분의 경우 특별한 관심을 기대하거나 요구하지 않으며 가능한 자신의 신분을 드러내지 않는 것을 좋아한다.
- 개인적인 질문을 한다거나 사진촬영을 요구하는 등의 사적인 행동은 절대 피해야 한다.

6) VIP

- VIP란 특별한 관심을 갖고 환대해야 할 고객을 말하며, 일반적으로 '국가 및 회사 차원에서 국가나 회사의 특별한 이익을 도모, 보전하기 위해 특별히 대우해야 할 고객'을 말한다.
- 승무원은 회사와 국가를 대표하고 있는 만큼 VIP 접대 시 국가 및 회사의 이익 보전에 보탬이 되도록 각별한 관심을 기울이는 것이 당연한 의무이다.
- VIP 승객은 대부분 사전에 예약 담당직원으로부터 필요한 정보를 받게 되며, SHR(Special Handling Request)에 제시되어 있다.
- 승무원으로서 주의해야 할 점은 VIP 응대에 과다하게 치중하여 다른 고객에게 불쾌감을 주지 않도록 'VIP에 대한 각별한 예우'와 '다른 고객에게 대한 원만한 서비스'라는 두 가지 측면을 모두 고려하여 충족시키는 것이다.

7) 언어불통 고객

- 특수한 언어를 사용하여 의사소통이 어려운 고객이 있을 경우에는 언어 소통이 가능한 다른 직원이 서비스하도록 조치하는 것이 좋다.
- 고객이 말하는 것에 집중하여 그들의 의도를 이해하려고 노력한다.
- 보통의 어조와 크기로 분명하고 천천히 말하되, 승객이 못 알아듣는다고 해서 영어나 한국어로 말할 때 농담이나 약어, 반말 등을 해서는 안된다.

3. 장애 고객의 응대

장애 고객은 특별한 사람이 아니라 '우리와 똑같은 사람이다'라는 의식이 먼저 필요하다. 특히 장애인이라는 말을 장애 고객 앞에서 사용하지 않도록 유의해야 하며 고객 본인과 직접 대화하려는 자세도 중요하다.

전면에서 서비스를 제공하는 사람으로서 자주 당황하게 되는 경우는 장애 고객에게 언제 어떻게 도움을 주어야 할지 혹은 도움을 주어도 되는 건지 모르는 경우가 있다. 불필요한 도움을 주어서 고객을 당황하게 만들고 싶지는 않겠지만 도움이 필요한 상황에는 민감해야 한다. 또한 지나친 친절과 도움은 오히려 고객 자존심을 건드릴 수 있으므로 유의해야 한다.

고객이 도움을 진정으로 원하는지 여부를 알기 위해서는 얼굴 표정과 눈을 살피고 어떤 도움을 필요로 하는지 파악하도록 한다. 고객이 먼저 요구하기 전에 어떻게 도와드려야 하는지 물어보는 것이 좋다.

유의해야 할 사항

- 사전에 장애 고객에 대해 준비하고 지식을 갖도록 한다.
- 다른 사람과 똑같이 대접한다.
- 도움을 드릴 경우 반드시 사전에 양해를 얻도록 한다.
- 장애에 초점을 맞추지 말고 사람이 갖고 있는 어려움에 초점을 맞추어 보통 사람들에게 문을 열어주거나 짐을 들어주는 것같이 도움을 제공한다.
- 공손함을 잃지 않는다.

1) 휠체어 고객

- 정보나 자료를 제공하거나 대화를 할 때에는 눈높이에 맞추어 "필요하신 것이 없으십니까?" 등 친근한 말로 배려한다.
- 고객의 허락 없이 휠체어를 움직이거나 밀지 않도록 한다.

2) 시각장애 고객

- 가능한 고객의 이름을 알아보고 이름을 호칭한다.
- 어떠한 물건을 제공할 때에는 옆에 있는 다른 일반 고객에게 먼저 제공하여 장애 고객으로 하여금 마음의 준비를 할 수 있도록 배려한다.
- 시각장애 고객을 처음 맞이할 때는 밝은 표정 대신 고객의 양해를 얻어 고객의 손을 잡아 따뜻한 체온을 전달하여 친근감을 유도해 본다. 또한 한 잔의 음료수를 드릴 때에도 양을 적게 하여 실수하지 않도록 미리 헤아려 서비스해야 한다.
- 시각적으로 어려움이 있는 경우이므로 억양을 높일 필요는 없다.
- 가능한 상세한 정보와 방향을 알리도록 한다.
- 고객에게 직접 이야기한다.
- 맹인견이 있을 경우 주인의 허락 없이 접촉하지 말아야 한다.
- 고객을 놀라게 할 수 있으므로 사전 허락 없이 상대의 팔을 잡지 않는다.

3) 청각장애 고객

- 부드러운 Eye Contact로 고객의 불안을 제거하도록 한다.
- 가능한 소음을 줄이고 밝은 곳에서 대화한다.
- 그림이나 도표 등 시각적인 자료를 사용하여 이해를 돕는다.
- 강조의 표정이나 제스처를 쓰되, 비언어적 신호에 유의한다.
- 얼굴을 보면서 이야기한다.
- 정확하게 발음하고 입 모양이 보이도록 천천히 말한다.
- 짧은 단어와 문장을 사용한다.
- 지속적인 개방형 질문으로 이해도를 확인하고 고객이 자신의 대답을 표현할 수 있도록 한다.

4. 글로벌 서비스 응대

　항공기 내 승객은 다양한 국적 및 인종으로 구성되어 있다. 따라서 이들은 각각 상이한 관습, 기호, 사회규범, 종교, 의식, 가치관 등을 갖고 있으므로 객실승무원은 이러한 모든 차이점을 숙지하고 수용할 수 있어야 한다. 이를 위해서는 사실상 많은 경험이 요구되지만 문화의 상이함에 대하여 특별한 관심을 가짐으로써 파악할 필요가 있다. 다국적 문화의 고객응대를 위해 국제매너의 습득은 물론, 이문화 사이의 차이점들을 정확히 이해하고 배려하는 것이 성공적인 서비스응대의 열쇠가 될 수 있다.

　또한 최소한 스스로 한 문화에서 또 다른 문화까지 극적으로 다른 일반적인 비언어적 암시들에 익숙해져야 한다. 즉 다른 나라와 다양한 문화배경을 가진 사람들을 만나는 서비스맨에 있어 보디랭귀지의 차이를 아는 것은 중요하다. 이러한 전통들을 알고 있지 않다면 뜻하지 않게 외국인 고객에게 무례한 인상이나 친절하지 못한 인상을 심어주게 되고, 심지어 공격적인 인상을 줄 위험도 있기 때문이다. 이처럼 보디랭귀지의 동작은 각 나라마다 다르기 때문에 어느 한 부분에만 신경을 쓰다 보면 오히려 이해할 수 없게 되며, 눈, 손, 마음의 삼박자로 알 수 있는 것을 기본으로 한다. 외국어 능력뿐만 아니라 세계에서 통용되는 친밀감 있는 우아한 보디랭귀지로 표현하는 국제적인 서비스맨이 되도록 해야 한다.

　이문화권의 사람들 사이에는 분명히 차이점이 존재하지만 한 개인으로 이해한다면 공통점이나 비슷한 점을 발견할 수 있으며 이러한 점들이 성공적인 대인관계 유지에 중요한 요소가 된다. 만약 한 사람을 이해하는데 그 사람이 아니라 단순히 그 사람이 속하는 집단공동체를 통해서만 이해한다면 그들에게 동일한 방법밖에 사용할 수 없는 서비스의 한계를 갖게 되며 고객응대에 있어 실패를 자초하게 될 것이다.

　각 국가별로 몇 가지를 특정지어 규정해 놓고 그들의 문화를 이해하는 것에 문제가 있을 수 있겠으나, 오랜 세월 지녀온 각국의 문화적 가치관과 습관을 이해하는 것은 서비스맨에게 있어 그 나라 사람을 응대하는 데 필요한 요건이라고 하겠다.

승객의 심리

승객은 비행기에 탑승하게 되면 생소한 항공기의 구조와 시설물의 사용법에 대한 미숙으로 다소나마 긴장하게 된다. 특히 여행 경험이 적은 승객에게는 그러한 긴장이 다소 부담스럽게 느껴지게된다. 이러한 승객의 마음을 재빨리 파악하는 일이야말로 승객응대의 중요한 관건이 된다.
승무원은 항상 무엇을 도와드릴까요? 하는 마음의 자세, 부드러운 표정, 적극적인 대화로 승객서비스에 임해야 한다.

• 승객이 바라는 일
- 환영받고 싶다.
- 유쾌하고 친절한 대접을 받고 싶다.
- 기다리지 않고 신속한 서비스를 받고 싶다.
- 무리한 요구에도 기분 좋게 해결해 주기를 바란다.

• 호감이 가는 승무원
- 승객의 입장에서 생각해 주는 승무원
- 명랑하고 친절한 승무원
- 업무지식이 풍부한 승무원
- 서비스 매너가 좋은 승무원

국제선 객실서비스 실무

✈ 비행 준비 업무절차

비행 필수 휴대품 준비

Show-up

용모·복장 점검

공지사항 확인 및 브리핑 준비

객실 브리핑

국제선 공항청사로 이동

출국수속(C.I.Q.)

항공기 탑승

제1절   비행 준비 업무

1. 비행 준비

객실승무원이 항공기에 탑승하기 전에 수행해야 할 준비 업무로서 Show-up, 용모·복장 점검, 브리핑 준비, 객실 브리핑 등의 절차가 있다. 특히 국제선 비행 준비 때에는 비행 관련정보를 비롯하여 해당 노선의 서비스 내용, 목적지 정보 등을 정확히 숙지해야 한다.

1) 출근

- 승무원에게 있어서 정시성이 가장 중요하므로 시간에 따른 교통 혼잡 등을 고려하여 비행 스케줄과 사전 준비시간을 감안, 충분한 시간을 가지고 출근해 야 한다.
- 출근 때 유니폼을 착용할 경우 규정에 맞는 Make-up과 Hair-do를 갖추어야 하며, 사복을 입을 경우에는 정장차림을 해야 한다.

2) 비행 필수품 준비

객실승무원은 당일 비행 스케줄에 의거하여 비행 준비물을 점검, 준비하고 항공기 출발에 앞서 충분한 시간 여유를 가지고 회사에 도착하여 비행에 임할 준비를 해야 한다.

- ■ 비행 준비물
  - 여권 및 비자
  - 직원 신분증(I.D Card), 승무원 등록증
  - 항공사별 근무규정집(안전 및 서비스 관련 규정집, 방송문, Flight Diary 등) 및 회사에 서 지정한 업무관련 휴대품

- 국내선/국제선 Time Table
- 출입국에 필요한 입국서류 및 갤리 서비스 물품관련 서류
- 비행근무에 필요한 지급품 및 개인 휴대물품
- 유니폼, 앞치마, 시계, 손전등, 메모지, 펜, 향수 등
- 그 외 비행일정에 따른 여행용품

해외 체재 시의 복장 준비

장거리 비행의 해외 체재는 승무원에게 있어서는 휴식을 통해 재충전하고 세계 각지에서 다양한 경험을 할 수 있는 기회를 가진다는 점에서 귀중한 시간이다. 그러나 해외 체재 역시 승무원에게는 근무의 연장이라는 점에서 용모와 복장에 각별히 유의해야 한다. 체재지의 기후와 일정, 상황에 맞는 복장 준비도 장거리 비행 전 매우 중요한 사항이다.

3) 비행 전 학습사항

객실 브리핑에 참석하기 전 해당 비행에 관한 정보를 수집하고, 사전에 확인·점검하여 비행 근무에 차질이 없도록 해야 한다. 그 외 회사의 공지사항 및 전달사항을 사전에 확인한 후 비행에 임해야 한다.

- 탑승기종 관련사항(항공기 장비/시스템, 비상사태 처리 절차, 객실설비 등)
- 목적지 정보(시차, 출입국규정, 입국서류 및 검역절차, 면세기준, 공항정보 및 Transit 절차 등)
- 업무지시와 공지사항
- 기내서비스 절차

4) Show-up

- Show-up은 객실승무원이 근무를 위해 회사 또는 공항에 나와 본인의 출근 여부를 확인하는 것을 말한다.
- Show-up 방식은 항공사마다 상이하며, 출근 및 브리핑 실시 형태에 따라 Show-up이 생략되기도 한다.

- Show-up을 하는 국내 항공사의 경우 브리핑 전에 단말기 등을 이용하여 본인의 출근 여부를 입력하거나, 지정된 장소에 비치된 Show-up 대장에 서명하는 방식을 취한다.
- Show-up할 때에는 비행에 준하는 용모와 유니폼 착용을 완전하게 갖춘 상태여야 한다.
- Show-up은 근무 준비에 있어 매우 중요한 절차이므로 반드시 본인이 실시해야 하고, 이때 Show-up List에 수록된 정보를 숙지해야 한다.

Show-up List 내용

- 승무원 명단, 직급, 방송자격, 교육과정 이수 Code
- 기종 및 기명
- 비행구간, 출발/도착시간
- Lay Over 시간 및 Day Off 일수

5) 용모 · 복장 점검

객실승무원은 객실 브리핑에 참석하기 전 혹은 객실 브리핑에 참석하여 해당편 최상위 직급 승무원으로부터 용모·복장 점검을 받는다.

6) 공지사항 확인

최근 업무지시, 공지사항, 서비스 정보, 도착지 정보 및 기타 특이사항 등을 회사 내의 공지사항을 통해 파악한다.

2. 객실 브리핑(Cabin Briefing)

해당 비행 편에 탑승하는 모든 객실승무원은 비행 전 정해진 시간과 지정된 장소에서 실시되는 객실 브리핑에 참석해야 한다.

객실 브리핑 시각은 노선, 출발시각, 체류지에 따라 상이하나 통상 항공기 출발시각 2시간 전(혹은 1시간 45분 전)에 실시하며, 해외 Station에서도 출발 전 해외체재 지정 숙소인 호텔에서 Pick-up 전에 진행된다.

이때 객실승무원은 브리핑에 참석하기 전 완전한 근무 복장 및 필수 휴대품을 갖추어야 한다.

1) 브리핑 전 준비사항

객실 브리핑에 참석하기 전에 해당 비행 편 Briefing Sheet의 내용을 참조, 비행 정보에 관한 사항들을 수집하고, 사전에 확인·점검하여 비행 근무에 차질이 없도록 해야 한다. 그 외 회사의 공지사항 및 전달사항을 사전에 확인한 후 비행에 임해야 한다.

- 해당편 Briefing Sheet 확인
- 기장 성명, 객실사무장 성명, 자신에게 할당된 Duty
- 업무지시 및 공지사항
- 해당 비행에 필요한 서류 점검
- 필수 휴대품 재확인 등

2) 브리핑 내용

객실 브리핑은 해당편 팀장 주도하에 비행 준비, 해당 비행정보 교육 및 지시의 내용으로 진행되며, 그 내용은 다음과 같다.

(1) 승무원 소개

인원 확인 및 직급, 성명, 담당 Duty 등 간단한 인사 소개

(2) 비행정보 소개

- 비행일정, 비행시간, 목적지와의 시차, 목적지 공항 정보, 항공기 기종 관련사항
- 승객 예약현황 및 승객 관련사항(VIP/CIP, Special 승객의 유무, Special Meal 탑재 유무 등)
- 객실 관련정보
- 업무할당 배정

  ▶ 팀장은 효율적인 기내서비스 업무수행을 위해 승무원 각자의 능력을 감안하여 업무를 할당하게 된다. 즉 승무원의 업무할당은 승객 수, 비행시간, 객실승무원의 자격과 경력 등을 고려하여 최고의 기내서비스 업무효율을 목표로 할당한다. 승무원은 할당된 업무를 책임감을 가지고 성실하게 수행해야 하며, 할당된 업무는 임의로 변경, 위임할 수 없다.

(3) 비행 안전 및 보안 숙지

- 비상장비 종류와 위치 및 사용법, 비상 때 행동절차 숙지
- 비상구 작동법 중 해당 기종의 특성
- 기타 안전 및 보안관련 강조사항

(4) 서비스 관련 지시

- 근무 할당에 따른 서비스 업무
- 서비스 내용 및 절차, 기내식 메뉴, 특별식 등
- 기내방송 및 영화 상영물
- 노선별 특성 및 승객 특성 및 기호

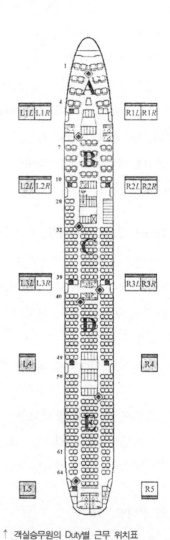

↑ 객실승무원의 Duty별 근무 위치표

- 신규 및 변경된 서비스 내용 숙지
- 기타 서비스 관련 강조사항

(5) 휴대품 준비 및 비행 준비상태 확인
- 용모·복장 및 필수 휴대품 소지 확인

3. 출국수속

- 객실 브리핑이 끝나면 전 객실승무원은 국제선 청사로 이동, 출국장으로 가서 출국수속을 한다.
- 항공기에 탑승하기 전, 승무원 전용 Counter를 이용하여 Flight Bag과 Hanger 를 제외한 모든 Baggage를 탁송해야 하며, 탁송 때에는 Baggage에 Crew Tag을 부착한다.
- Baggage 탁송 후 승무원 출국절차에 따라 C.I.Q.를 통과한 즉시 항공기에 탑승한다.
  ▶ 국내 항공사의 경우 종래 일반적인 탑승 전 절차는 객실 브리핑, 출국수속, 합동브리핑의 순서이나, 출국수속 시점에 따라 변경되어 진행되기도 한다.

승무원 출국수속 절차

- Custom Check(세관신고)
  승무원이 고액의 외제 물품을 소지한 경우 이를 출국 전 세관에 신고해야 귀국 후 확인을 받을 수 있다.

- Security Check(보안검색)

- Immigration Check(출국심사)

이륙 전 업무절차

항공기 탑승

승무원 짐 정리

합동 브리핑(탑승 전에 실시하기도 함)

Pre-flight CHK

- 비상 보안장비 점검

- 객실 내부시설 및 상태 점검

- Galley 설비 및 서비스 물품 탑재 점검

- 운항 관련서류 확인

지상 서비스 및 승객 탑승 준비

승객 탑승

신문, 잡지 서비스

탑승 인사, 좌석 및 휴대 수하물 보관 안내

Ship Pouch 인수

Door Close

Welcome 방송

안전 관련업무

이륙 준비상태 확인

승무원 착석 - 30 Second Review

1. 승객 탑승 전 준비 업무

1) 객실승무원 짐 보관 정리

객실승무원은 항공기 탑승 후 Flight Bag과 Hanger 등 승무원의 기내 반입 수하물을 승객의 안전과 편의를 최우선으로 고려하여 다음 장소에 안전하게 보관하여야 하며, 승객 좌석 주변이나 Door Side 등에 방치하지 않도록 한다.

- Overhead Bin
- Door가 장착된 Coat Room
- 좌석 하단으로서 전방과 통로 측 방향에 고정장치가 설치되어 있는 공간
- 비행 중 업무에 필요한 개인용품은 승무원 좌석 부근의 승객이 사용하지 않는 Seat Pocket이나 Galley 주변 Compartment 내에 보관한다.

2) 합동 브리핑

합동 브리핑은 기장 이하 운항승무원 및 객실승무원 전원이 항공기 내의 지정된 장소에서(혹은 그 외의 장소에서 탑승 전에) 기장 주관 하에 실시된다.

합동 브리핑 내용은 비행 당일의 운항관련 정보와 승객상황 정보를 비롯하여 비상절차 및 보안 유의사항 등이다.

합동 브리핑 내용

- 계획된 비행시간, 운항고도, 운항항로
- 항로상 목적지 기상조건(예상되는 Turbulence, 고도, 시간, 신호방법)
- 승객 예약상황 및 VIP, CIP, Extra Crew, 환자 등
- 화물상황(필요시) - 탑재량, 고가품 등
- 특별한 CIQ 절차(필요시)
- 조종실 출입절차 및 기내 보안사항
- 비행 중 안전 고려사항
  좌석 벨트 운영방법, Turbulence 시 PA 운영방법 등
- 비상절차
  비상신호 사용, 비상구, Slide 사용, 비상탈출 등
- 기타 비행 중 기장과 객실승무원 간의 협조사항

3) Pre-flight Check

객실승무원은 항공기 탑승 후부터 승객 탑승 전까지 각자 배정된 Duty 구역에서 기내안전, 보안 및 서비스에 대한 Pre-flight Check(비행 전 점검)를 실시하며, 모든 사항에 대한 결과를 객실 팀장에게 보고한다.

객실 팀장은 항공기 장비시스템, 설비의 이상이나 서비스용품의 미탑재 등 항공기 출발을 지연시킬 수 있는 경우가 발생할 때 기장 및 담당직원에게 즉시 통보하여 필요한 조치가 이루어지도록 한다.

비행 전 점검은 비행 중 승객의 안전한 여행과 객실승무원의 원활한 업무수행을 위해 정확하고 신속하게 실시해야 한다.

(1) 담당구역 비상/보안장비 점검

객실승무원은 각자 근무를 배정받은 담당구역의 승무원 좌석에 있는 비상/보안장비 점검을 실시한다.

이는 항공기 사고를 미연에 방지하고, 만일의 비상사태 발생 시 신속하게 장비를 이용하여 대처하기 위해 탑재된 각종 비상장비의 위치, 작동법, 이상 유무 등을 점검하는 업무이다.

■ **일반 안전장비**

담당구역 Jump Seat 내 승무원 구명복, Safety Demo용구

■ **화재 예방 및 진압 장비**

H_2O 소화기, Halon 소화기, PBE, Smoke Detector

■ 비상탈출장비

Door 주변 점검(Door Slide Mode, Locking 상태)

Flash Light, Megaphone 등

■ 응급조치장비(의료장비)

PO$_2$ Bottle, Medical Bag, First Aid Kit, 자동혈압계, Emergency Medical Kit 등

■ 보안장비

비상벨, 방폭 매트, 재킷 등

■ 그 외 Galley 내 Compartment에 이상 물질의 유무 점검

(2) 객실 설비 점검

항공기 객실에는 승객 좌석의 편의시설 및 기내서비스 제공을 위한 다양한 객실 설비가 있다.

객실승무원은 비행 전 점검 시 기내 각종 설비에 이상이 없는지를 점검하며, 기종에 따라 사양과 작동방법이 다소 차이가 있으므로 사전에 숙지하여 사용에 주의해야 한다.

또한 담당구역별로 객실, 갤리, 화장실, 승객 좌석, 승객 Seat Pocket Item Setting 등 기내 청소 작업 상태를 점검해야 한다.

■ 객실 전체

객실통로, Overhead Bin, Coatroom, Crew Rest Area(Bunk) 등의 청소상태 및 유해물질 탑재 여부 확인

■ 승객 좌석

• 구명복, Seat Belt, Tray Table 탑재상태

- Seat Pocket Item 확인(Air Sickness Bag, Safety Information Card, 기내지 등)
- 담요, 베개 Setting상태(장거리)
- Reading Light 작동 점검
- 승객 개별 Monitor/Screen상태 확인

■ Galley 장비

Galley Duty는 Galley에 설치되어 있는 Waste Container, Sink, Floor 등 장비의 정상 작동여부 및 인화성 물질 여부 확인

Air Bleeding

Water Boiler 작동 때 Hot & Cold Faucet(수도꼭지)로부터 정상적이고 기포가 없는 연속적인 물이 나올 때까지 충분히 물을 빼주는 것을 말하며, 갤리 점검 때 반드시 Air Bleeding을 실시한 후 전원을 켠다.
Air Bleeding이 충분치 않은 상태에서 Water Boiler를 사용할 경우 과열에 의한 화재 발생의 원인이 될 수 있다.

■ Lavatory 장비

- 화장실의 청결상태 확인
- Toilet Bowl, 화장실 비품 Setting 및 유해물질 탑재 여부
- Wash Basin, Flushing상태 확인
- Compartment Locking상태 확인
- Smoking Detector 위치, 작동 및 이물질 여부 확인

(3) 객실 시스템 점검

■ 객실 조명 시스템

객실 사무장 또는 객실 부사무장은 객실 조명을 단계별로 조절하여 작동이상 유무를 확인한다. 대부분 객실 조명은 Cabin Attendant Station(Panel)에서 조절이 가능하다.

■ Communication 시스템

① Passenger Call System

승객이 PSU에 설치되어 있는 승무원 Call Button을 이용하여 승무원을 호출할 때 사용된다.

승무원은 Master Call Light Display의 색깔 표시와 함께 울리는 Chime으로 승객 좌석이나 화장실에서의 승객 호출을 인지할 수 있게 되며, 그 외 승무원 상호 간의 호출 인지도 가능하다.

Master Call Light Display 구분

- Blue: 승객 좌석에서의 호출
- Red: 조종실이나 다른 승무원의 호출
- Amber: 화장실에서의 호출

② Public Address System/Interphone System

모든 객실승무원은 자신의 담당 Station에 설치되어 있는 Handset의 통화 기능을 비행 전에 점검한다. 특히 객실사무장 및 방송 담당 승무원은 PA 기능 및 음량 상태를 점검하고 다른 승무원이 Monitor(기장 방송 포함)하도록 하여 기내방송 효과를 극대화할 수 있도록 한다.

③ Entertainment 시스템

기내에서 승객에게 제공되는 기내 상영물과 관련하여 오디오/비디오 서비스 시스템 및 비디오 스크린과 모니터 등의 기능과 상태를 점검한다.

(4) Catering Item 점검 및 준비

■ 서비스 물품 준비

- 각 갤리 Duty는 해당노선에 필요한 서비스기물, 서비스 물품 및 기내식의 탑재 내역을 최종 확인하고 객실 부사무장에게 보고한다.

이때 탑승객 수, Meal 횟수, 특별식 등을 정확히 확인하여 점검한다.

- Galley Duty 승무원은 탑승객 수를 감안하여 필요한 White Wine, Beer 및 각종 음료를 Chilling한다.

  ▶ 음료 Chilling은 냉장고, Ice, Dry Ice를 이용하며, 우유, Wine 등은 팩과 Label의 유지를 위해 비닐 백을 이용한다.

- 해당 클래스의 경우, 메뉴북(Menu Book) 탑재 및 수량을 확인한다.
- 각종 기물을 정리하여 보관한다.
- Serving Tray 위에 Tray Mat를 깔아 준비해 놓고 Muddler Box를 채워 놓는다.
- Carrier Box, Cart, Compartment 외부에 기재되어 있는 품목을 확인한다.
- 항공사 기념품, 기종별 장애인을 위한 시설이나 기구 등을 확인한다.

■ 화장실용품 탑재 확인 및 화장실 정돈

- 화장실용품(화장품, 칫솔, Sanitary Napkin, Roll Paper, Kleenex, Paper, 변기커버)이 충분히 탑재되었는지 확인한다.
- 화장실 Compartment 내에 여분의 화장실용품을 충분히 Setting해 둔다.
- Lotion, Skin은 Logo를 앞쪽으로 오게 하고 입구를 열림상태로 돌려놓은 후 Setting한다.
- Roll Paper는 사용하기 쉽게 끝 쪽을 앞으로 하여 삼각형으로 접어두며,

Kleenex는 뽑아 쓰기 쉽게 미리 한 장
을 반 정도 뽑아 놓는다.
- Liquid Soap을 사용하는 경우 Knob
을 눌러보아 Soap의 탑재량을 점검한
다. (부족 시 해외 Station의 경우 비누를 Setting
한다.)

■ 기내 판매품 인수

기내 판매담당 승무원은 판매일보에 의거하여 기내 판매품의 종류 및 수량을
정확히 인수하고 보조용품(계산기, 영수증, Shopping Bag 등)의 탑재 여부를 확인한다.

4) 지상서비스 준비 업무

(1) 신문/잡지 서비스

- Serving Cart를 이용하여 신문을 제호가
보이도록 준비한다.
신문 Cart 수는 탑승구 수에 따라 1대
또는 2대를 준비하며, 신문 Setting 후
Serving Cart를 항공기 밖 Bridge 접속
부분 또는 Step Car 상단에 비치한다.

- 잡지는 종류별로 제호가 보이도록 기내 Magazine Rack에 가지런히 Setting한다.
  ▶ 항공사별, 클래스별에 따라 서비스방법이 상이하며, 지상에서 Earphone을 신문과 같이 Setting해서
    서비스하는 경우도 있다.

(2) 기타 클래스별 지상서비스

일반석(장거리인 경우 Earphone, Amenity Kit), 상위클래스(Welcome Drink 서비스) 등 클
래스별 지상서비스 내용을 준비한다.

(3) 기타 준비

- 승객이 탑승을 시작하기 전에 각 승무원은 담당구역에 Stand-by(약 2~3분 전)한다. 이때 담당구역의 Overhead Bin을 열어두어 승객 탑승 시 비어 있는 Overhead Bin을 쉽게 찾을 수 있도록 한다.
- 객실 사무장은 승객 탑승 전과 하기 시 Boarding Music을 On하며, Boarding Music이 은은하게 들릴 수 있도록 Volume을 조절한다.

구 분	ON	OFF
출발 시	승객 탑승 전	Demo 상영 직전
도착 시	Farewell 방송 후	승무원 하기 전

비행기가 갈 때와 올 때 비행시간이 다른 이유는? / 비행 소요시간 계산방법

- 항공기의 비행시간은 바람의 영향을 많이 받게 된다. 즉 항공기는 비행 중 맞바람을 받고 비행을 하면 비행시간이 길어지고, 반대로 뒤에서 바람을 받게 되면 이 바람이 항공기를 밀어주는 역할을 하게 되어 비행시간이 짧아지게 된다.
  이러한 이유로 계절에 따라 갈 때와 올 때의 비행시간이 크게 차이나는 경우가 많으며, 특히 편서풍이 강한 겨울철에는 LA에서 서울로 올 경우 서울에서 LA로 갈 때보다 약 2시간가량 비행시간이 더 길어지게 된다.

- Time Table상에는 출발지 시간과 도착지 시간이 서로 다른 현지시간으로 표시되므로 양쪽 시간을 모두 GMT(Greenwich Mean Time, 세계표준시간)로 환산하여 계산한다.

비행 소요시간 = 도착지의 GMT − 출발지의 GMT

2. 승객 탑승 시 업무

1) 탑승 안내

승객 탑승은 통상 비행 출발 약 30분 전부터 실시된다. 승무원은 각자 정해진 구역(Zone)의 위치에서 탑승하는 승객에게 환영 인사와 함께 탑승권에 기입된 좌석을 안내하고 승객 휴대 수하물 보관 정리에 협조한다.

승객 탑승 Priority / 탑승 거절이 가능한 승객

- 일반 승객이 탑승하기 직전, Stretcher 승객이나 다른 운송제한 승객(UM, 휠체어 승객)이 있을 경우 운송직원의 요청에 따라 먼저 기내 탑승이 실시된다.
  일반적으로 국제선의 경우 일등석과 비즈니스석의 전용 탑승구가 따로 설치되어 있으며, 일반석 승객의 탑승은 객실 후방 승객이 먼저 탑승하도록 안내방송을 실시하고 있다.

- 승객 탑승 중에 다음의 승객이 발견되는 경우, 객실 사무장은 기장에게 통보하고, 운송책임자와 협의절차를 거쳐 탑승여부를 결정하게 된다.
  - 만취한 상태이거나 약물의 영향을 받은 것으로 보이는 승객
  - 전염병을 앓고 있는 승객
  - 정신적으로 불안정하여 타인을 위해할 우려가 있는 승객
  - 타인에게 불쾌감을 주는 특성을 보이는 승객

(1) 환영인사

승무원은 승객 탑승 때 환영과 감사의 마음으로 승객 개개인에게 밝은 표정으로 정중하게 인사한다. 승객 탑승인사는 주탑승구, 담당구역 비상구 주변을 중심으로 승객의 도움이 필요한 경우 즉시 응대할 수 있도록 유연성 있게 이동하면서 실시한다.

▶ 탑승인사를 할 때는 인사말을 하며 연속적으로 하되, 승객 개개인에게 인사말을 하는 것이 불가능할 경우, 2~3명에 걸쳐 인사한다. 단 눈인사(Eye Contact)는 가급적 개별적으로 한다.

이때 승객의 감정과 기분을 읽으면서 만취한 승객이나, 몸이 불편한 승객이 없는지 살핀다. 의심되는 승객이 발견되는 경우 신속하게 사무장에게 사실을 알리고 해당 승객의 탑승여부를 결정해야 한다.

(2) 좌석 안내

- 객실승무원은 승객 탑승 때 원활한 좌석 안내는 물론 담당구역에 노약자나 어린이, 환자 및 유아 동반 승객 등 도움이 필요하다고 판단되는 승객들을 적극적으로 안내한다.

- 탑승권을 주고받을 때 반드시 양손을 가지런히 하며, 손끝이 아니라 손바닥으로 받는다. 되돌려드릴 때는 손님 쪽에서 볼 때 바르게 하여 왼손으로 오른손을 받치고 공손하게 드린다.

- 좌석에 여유가 있는 경우라도 원칙적으로 승객의 탑승권에 기입된 좌석에 착석하도록 안내한다.

- 좌석이 중복된 경우 먼저 승객의 탑승권을 보고 날짜, 편명, 이름, 좌석번호 등을 확인한다.

좌석 중복 배정 시

- 좌석 중복으로 판명될 경우에는 우선 승객에게 정중히 사과하고 나중에 탑승한 승객에게는 가까운 승무원 좌석에서 잠시 기다리도록 안내한다.
- 팀장에게 보고하여 지상 직원으로부터 좌석 재배정을 받은 후 재배정된 승객을 안내한다.
- 좌석에 여유가 있는 경우 나중에 탑승한 승객을 선호 좌석으로 배정하며, 이륙 후 해당 승객에게 다시 사과하여 After Care한다.

도움이 필요한 승객을 위한 탑승 안내

비동반 유아(UM), 유아 동반 승객, 장애 승객, 노약자 등 승무원의 도움이 필요한 승객이 탑승하는 경우 다음과 같은 세심한 서비스가 필요하다.
- 좌석 안내 및 수하물 보관에 협조(유모차 등)
- 담당 승무원의 경우 자기 소개
- 승무원 호출 버튼, 좌석 벨트, 좌석 사용법, 기내 화장실 위치 및 사용방법 등 설명
- 아기를 동반한 승객에게 보호자만 벨트를 착용하고 아기는 벨트 밖으로 안도록 안내하며, 유아용 요람 장착 및 특별식 주문 여부를 미리 확인한다. 또 필요한 물품(물티슈와 크리넥스, 여분의 비닐 백)을 미리 제공하여 비행 중 사용하도록 설명한다.
- 좌석을 구매한 경우에 한해 기내 유/소아 안전의자의 사용이 보장되며, 사용 시 좌석 벨트를 사용하여 승객 좌석에 단단히 고정시켜 이착륙 시 움직이지 않도록 해야 한다. 단 통로 측, 비상구, Overwing Exit 앞뒤 좌석은 어린이 안전의자가 허용되지 않는다.
- 장애 승객의 경우 장애 승객의 요구에 따라 협조한다.

- 비상구 주변 좌석에 만일의 비상탈출 시 도움이 될 수 있는 적합한 승객의 탑승 여부를 확인하고 해당 승객에게는 비상시에 대비하여 비상구 좌석 착석에 관한 브리핑을 실시한다. 항공기 Door Close 전 팀장에게 이상 유무를 보고한다.

비상구 좌석 착석 승객

비상구 주변 좌석에 착석하는 승객은 만일의 사태에 대비하여 비상시에 승무원을 도울 수 있는 승객으로 제한하여 배정해야 한다. 즉 여성이나 노약자, 어린이보다는 승무원, 항공사 직원, 건강한 남성 위주로 좌석배정을 하도록 하며, 긴급 탈출을 해야 하는 상황이 발생하면 승무원에 협조하고 지시에 따라야 한다는 내용이 항공사 내부규정에 나와 있다.
그러므로 객실승무원은 승객의 탑승 직후부터 항공기의 Push Back 이전에 비상구 좌석에 배정된 승객의 적정성을 확인한다.

유형별 운송제한 승객응대 요령

운송제한 승객(R.P.A. 승객: Restricted Passenger Advice)은 항공사 측이 항공기의 안전상 또는 승객의 심신상의 이유로 항공사가 정한 일정 조건에 의해 운송하는 승객을 말하며, 비행 중 승무원의 세심한 서비스가 필요하다.

■ 비동반 소아(UM : Unaccompanied Minor)
만 5세 이상, 만 12세 미만의 소아가 성인 동반자 없이 여행하는 경우이며 혼자 여행하는 데 대한 불안한 마음을 가지고 있으므로 비행 중 승무원의 따뜻한 배려가 필요하다.
- 식사 서비스 때 기내식에 관한 내용을 설명하고 관심을 가진다.
- 어린이 Giveaway를 제공한다.
- 비행 중 불편한 점이 없는지 수시로 관심을 갖고 돌본다.
- 착륙 전 소지품을 확인하고 수하물 정리에 도움을 준다.

※ 유아 동반 승객의 경우
- 유아승객 적용범위는 국제선인 경우 생후 14일부터 2살 미만, 국내선인 경우 생후 7일부터 2살 미만이다. 비행 중 불편한 점이 없는지 수시로 관심을 가지고 협조한다.
- 수유, 유아식 제공 시, 보호자 화장실 이용 시 협조한다.
- 입국서류 작성에 협조한다.
- 착륙 전 수하물 정리에 협조한다.

■ 보행 장애 승객
자력으로 이동이 가능하나 긴급사태 발생 시 타인의 도움 없이는 탈출이 곤란한 승객으로, 일반적으로 Wheel Chair 승객을 말한다.
- 비행 중 불편한 점이 없는지 수시로 살핀다.
- 착륙 전 수하물 정리에 협조한다.
- 필요시 착륙 전 Wheel Chair의 사전 대기 요청을 하고

하기 시 Wheel Chair를 이용할 때까지 협조한다.

■ 맹인(Blind)

성인 승객 또는 맹인 인도견이 동반하는 경우는 정상 승객과 동일하게 운송되나 비동반 맹인의 경우는 운송제한 승객으로 분류된다.

- 성인 동반자가 없는 경우 담당 승무원은 기내 시설물 사용법, 위치 및 기타 필요한 정보를 안내한다.
- 비행 중 불편한 점이 없는지 수시로 살핀다.
- 식사 서비스 시 기내식에 관한 내용을 설명하고 필요시 협조한다.
- 입국서류 작성 시 협조한다.
- 착륙 전 도착시간, 날씨 및 연결편 등을 안내한다.
- 하기 시 수하물 정리에 협조한다.

■ TWOV(Transit Without Visa)

중간 기착지 국가의 입국 비자가 없는 통과승객을 말한다.

TWOV 승객의 운송을 허용한 항공사는 제3국으로 출발 시까지 TWOV 승객에 대한 책임을 진다. 지상 직원은 승객의 목적지 국가의 입국에 필요한 여권과 서류를 봉투에 담아 사무장에게 인계하며, 서류봉투는 목적지에 도착하기 전에 승객에게 돌려준다.

(3) 수하물 안내

■ 수하물 운송 규정

- 승객의 짐은 세관, 보안검사 후 기내 휴대 가능 품목과 휴대 제한 품목으로 분류된다.
- 휴대 수하물은 원칙적으로 기내에서 승객이 직접 관리하도록 하며, 부득이 비행 중 승무원에게 보관을 부탁한 위탁물품은 승객 하기 시 승객에게 반환한다.

  ▶ 승객이 부탁한 냉장물품 및 기타 보관물품은 중간 기착지 등 승무원 교대 시점에서 반드시 승객에게 반환하고 다음 교대 승무원에게 다시 맡기도록 한다.

- 휴대 제한 품목은 지상 직원에 의해 따로 분류되어 화물칸(Cargo)에 탑재되어 목적지 공항에서 찾을 수 있는 품목을 말한다. 또한 비행안전상 위탁수화물은 승객이 탑승하지 않으면 무조건 하기한다.
- 승객 탑승 시 초과 휴대 수하물이 발견될 경우, 해당 승객에게 초과 수하물의 기내 반입이 불가함을 설명하고 출발담당 운송직원에게 화물실 탑재 조치를 요청하여 승객의 최종 목적지까지 일반화물로 보내도록 조치된다.

- ## 수하물 점검 및 보관상태 확인

- 승객의 과다 수하물은 비상사태 발생 시 비상구나 통로를 막아 승객의 신속한 탈출에 방해요인이 될 수 있으므로 비상구 주변(Door Side)이나 객실 통로 주변에 승객의 짐이 방치되지 않도록 한다.

  또한 규정에 맞지 않거나 정해진 위치에 보관되지 않은 수하물은 비행 중 기체요동이 발생하는 경우 승객의 부상원인이 될 수 있으므로 규정에 맞는 휴대 수하물 관리가 중요하다.

- 가벼운 물건은 선반 위에 보관하도록 하나 무거운 물건, 깨지기 쉬운 물건은 좌석 밑에 보관하여 승객의 안전에 유의한다. 또한 선반에서 떨어지는 물건에 의해 발생하는 부상을 방지하기 위해 선반을 열고 닫을 때 항상 주의해야 한다.

- 부피가 큰 물건은 Coat Room에 보관 Tag(승객 좌석번호 기입)을 이용하여 보관한다. 단 가급적 승객이 직접 적정 장소에 보관하고 비행 중 승객이 직접 관리할 수 있도록 안내하는 것이 바람직하다.

수하물 규정

• **무료 휴대 수하물(Carry-on Baggage)**

승객이 자신의 관리 책임 하에 기내까지 직접 휴대하는 수하물을 말하며, 통상 Carry-on Baggage, Hand Carried Baggage라고 칭한다.

이는 승객 좌석 밑이나 기내 선반에 올려놓을 수 있는 물품이어야 하며, 운송 중 승객이 직접 보관 관리하고 파손 및 분실 등에 대해 항공사는 책임지지 않는다.

무료 휴대 수하물의 허용량은 승객의 좌석 공간을 고려하여 기내 휴대가 가능한 크기인 세 면의 합계가 115cm 이내인 수하물 1개로 그 크기와 수량이 제한되나 등급별로 약간의 차이가 있다. (일등석, 비즈니스석의 경우 수하물 2개 허용)

• **제한적으로 기내 반입이 가능한 품목**

무료 휴대 수하물 외에, 코트, 카메라, 서류가방, 핸드백, 지팡이, 유아용 요람, 소형악기, 목발(스쿠버 장비 안됨) 등은 휴대 수하물에 추가 허용되며, 개별 용기당 100ml 이하로 소량의 개인용 화장용품(헤어스프레이, 헤어무스, 향수류 등)의 반입이 가능하다.

또한 개인적인 목적으로 사용하기 위한 1개 이하의 라이터 및 성냥도 기내휴대가 가능하다. (단 라이터, 성냥의 기내 반입은 출발지 국가별 규정이 다를 수 있다.)

그 외 여행 중 필요한 의약품, 항공사 승인을 받은 의료용품, 드라이아이스 등과 기내 반입 휴대 수하물 규격을 초과하는 의료용 수송 Unit, Incubator 등도 사전 절차에 의거, 기내로 운송할 수 있다.

●위탁 수하물 탁송 제한 품목(휴대만 가능)

위탁 수하물에 포함될 수 없으며, 필요시 직접 휴대해야 하는 품목으로서, 이러한 물품의 운송
도중 발생한 파손, 분실 및 인도 지연에 대하여 항공사는 책임이 없다.

노트북 컴퓨터, 휴대폰, 캠코더, 카메라, MP3 등 고가의 개인 전자제품, 화폐, 보석류, 귀금속류,
유가증권류, 기타 고가품, 견본품, 서류, 도자기, 전자제품, 유리병, 액자 등 파손되기 쉬운 물품,
음식물과 같은 부패성 물품 등이 여기에 속한다.

또한 자전거, 서핑보드와 같은 스포츠용품이나 애완동물 등 특수 물품은 사전에 반드시 항공사에
알려야 한다.

●제한 품목(SRI : Safety Restricted Item)

출발 수속 중 보안검색을 통해 발견된 총포류, 칼, 가위, 송곳, 톱, 골프채, 건전지 등 타 고객에게
위해를 가할 수 있고, 인명 또는 항공기 안전 및 보안을 위해할 가능성이 있는 물품으로, 기내
반입이 불가하며 위탁 수하물에 넣어 탁송해야 한다.

엑스레이 통과 시 발견되는 이러한 물품은 직원에 의해 수거되며, 승객은 목적지 도착 후 공항수
하물 찾는 곳에서 찾을 수 있다.

●운송 금지 품목(반입, 탁송 모두 금지)

항공 운항 안전상의 이유로 다음과 같은 폭발성 물질, 인화성 액체, 액화/고체 가스, 인화성 고체,
산화성 물질, 독극성·전염성 물질 등은 위탁 및 휴대 수하물로 모두 불가하다.

- 페인트, 라이터용 연료와 같은 발화성/인화성 물질
- 산소캔, 부탄가스캔 등 고압가스 용기
- 총기, 폭죽, 탄약, 화약, 호신용 최루가스 분사기 등 무기 및 폭발물류
- 기타 탑승객 및 항공기에 위험을 줄 가능성이 있는 품목

독극물, 부식성 물질, 방사능물질, 자기성 물질, 유해 자극적 물질 등 탑승객 및 승무원, 항공
기 탑재물에 위험을 줄 가능성이 있는 품목

Ammunition
including blank
cartridges
실탄(공포탄 포함)

Matches, Lighter
– Small quantities
may be carried on the
person
성냥, 라이터
– 개인휴대 가능(소량)

Compressed
gas cylinders
압축 가스통

Aqualungs
수중 호흡기

Fireworks
꽃불(화약류)

Lighter fuel
Lighter refills
라이터 연료

Radioactive
materials
방사능 물질

Poisons and
infectious
substances
독극물, 전염성
물질

Apparatus
containing
mercury
온도계 등 수은이
포함된 물품

Wet cell
batteries
습전지

Other dangerous
goods
Magnetized material
기타 위험물질, 자석류
등

K⭐REAN AIR

어떻게 할까요?
- 무거운 짐과 술병을 선반에 쌓아 올리고 있는 승객
- (과다한 짐을 들고) 이 짐 어디 보관할 데 없어요?
- 내 일행과 떨어졌는데 같이 앉으면 안될까?
- 이거 약인데 내릴 때까지 냉장고에 보관 좀 해주세요.

2) 지상서비스

승객 탑승 후 이륙하기 전 지상서비스는 항공사별, 클래스별로 약간의 차이가 있다.

(1) 신문, 잡지 서비스

신문, 잡지 서비스 방식은 항공사별로 상이하나 일반적으로 승객 탑승구 입구에 신문 카트를 준비하여 승객이 직접 선택하도록 한다. 서비스 후에 남은 신문과 잡지는 Magazine Rack에 종류별로 꽂아두거나 비행 중 계속 서비스한다. 승객의 탑승이 일시적으로 중단될 때에는 Cart의 신문을 다시 정돈한다.

(2) Welcome Drink 서비스

일등석과 비즈니스석에서는 보통 Welcome Drink를 제공하며, 특정 구간에 따라 일반석에서도 Welcome Drink를 제공하는 경우도 있다.

3) Ship Pouch 인수

Ship Pouch는 출발 전 객실 사무장이 지상 직원으로부터 인수받아 목적지 공항에 인계하는 서류가방을 말한다.

객실 사무장은 출발 전 지상 직원으로부터 여객 및 화물운송 관련서류, Flight Coupon, 제한품목, TWOV/UM 관련서류, 부서 간 전달서류 등의 Ship Pouch를 인수하여 내용물의 이상 유무를 확인한다. 또한 도착지 입국서류의 탑재 및 충분량을 점검한다.

입국서류는 입국하는 국가에서 요구하는 해당 서류(입국, 세관, 검역서류 등)를 탑재하도록 하며, 승객의 국적에 따라 한글 외에 영어, 일어, 중국어 양식 등을 준비한다.

객실 팀장은 S.H.R.을 인수한 후 담당 승무원에게 알려 서비스 시 적극 활용하도록 한다.

S.H.R.(Special Handling Request)

S.H.R이란 비행기에 탑승한 승객에 관한 정보가 기재된 서류로서 승객의 인적 사항, 특별한 서비스 요구사항, VIP, CIP, UM, 환자, 단체, TWOV, 특별식 주문 승객 등의 정보를 표기한 List이다. 승무원에게 있어서 대고객 서비스에 중요한 서류이다.

● 승객 관련
· VIP/CIP : 특별한 예우가 요구되는 대내외 귀빈
· TWOV : Transit Without Visa
· UMNR(UM) : Unaccompanied Minor(만 5세~만 12세 미만의 비동반 소아)
· WCHR : Wheel Chair Passenger
· STCR : Stretcher Passenger
· BSCT : Bassinet Seat(유아용 Seat)
· GTR : 공무로 해외여행을 하는 공무원 및 이에 준하는 승객
· VWPP : US Visa Waiver Pilot Program 가입국 승객
· SUBLO : Discount Ticket 소지자로 항공사가 필요할 때 하기시킬 수 있는 승객
· NOSUB : Discount Ticket 소지자이나 일반 승객과 동일한 예약 권리가 부여된 승객

● Meal 관련
· VGML : Vegetarian Meal
· KSML : Kosher Meal
· HNML : Hindu Meal
· MOML : Moslem Meal
· BBML : Baby Meal
· CHML : Child Meal
· SFML : Seafood Meal
· NSML : No Salt Added Meal
· DBML : Diabetic Meal
· SPML : Special Meal(상기 Category 이외 Special Meal)
  – SPML/Honeymoon : Honey Moon Cake Meal
  – SPML/No Pork : Pork가 들어 있지 않은 Meal

4) Door Close(Push Back 전)

객실 팀장은 승객 탑승 중 지상 직원으로부터 탑승완료 시점을 통보받은 즉시 기장에게 알려 출발에 필요한 조치를 취하도록 한다.

승객 탑승 완료 후 지상 직원으로부터 승객과 화물, 운송 관련서류(Ship Pouch), 입국서류를 인수받고 Door Close 연락을 받으면 기장에게 탑승객 수, 특이사항 등을 보고하고 기장의 동의하에 Door를 Close한다.

해당 팀장은 Door Close 전 아래의 사항을 확인한다.

- 승무원 및 승객의 숫자 확인(화장실 내 승객 유무 확인)
- Ship Pouch의 이상 유무 확인
- 추가 서비스 품목 탑재 확인
- Weight & Balance의 Cockpit 전달 확인
- 지상 직원의 잔류 여부 확인

출항 허가 서류

- G/D(General Declaration)
승무원 명단을 포함한 일반적 항공기 운항사항이 적힌 서류이다.

- P/M(Passenger Manifest)
탑승객 명단이 기입된 서류이며 근래에는 이 서류를 항공기에 탑재하지 않고 목적지로 직접 전송하는 추세이다.

- C/M(Cargo Manifest)
화물 적재목록이 기입된 서류이다.

객실준비 완료

승객탑승 완료 후 객실 사무장은 다음 사항이 완료되었는지 확인한 후, 지상 직원에게 '객실준비 완료'를 통보하고, 기장에게 보고 후 Door Close한다.

- 승객탑승 완료 확인
- Overhead Bin 닫힘상태 확인
- 휴대 수하물 점검 및 보관 상태 확인

3. 출항 및 이륙 준비 업무

1) Safety Check

Safety Check는 비상시 대처할 수 있도록 Door의 Slide Mode를 변경해 놓는 것을 말한다. 즉 Door Close 후 Boarding Bridge 또는 Trap이 항공기와 분리된 직후, 사무장의 방송에 따라 각 Door별로 승무원 좌석에 착석하는 담당 승무원이 비상시 슬라이드를 이용한 탈출에 대비하여 Door Slide Mode를 정상위치에서 팽창위치로 변경하는 것을 말한다.

객실승무원은 사무장의 Safety Check PA 방송에 따라 Slide Mode를 팽창위치로 변경 후 L Side, R Side 승무원이 상호 점검하고 객실 사무장에게 최종 보고한다.

(1) 정상위치(Disarmed Position)

Girt Bar가 항공기 Slide Bustle에 고정되어 있는 상태로서, Door Open을 해도 Slide가 팽창되지 않는다.

Girt Bar

- Escape Device를 항공기에 고정시키거나 분리하는 데 사용되는 금속막대
- Slide Bustle: Escape Device를 보관하고 보호하기 위해 항공기 Door에 장착되어 있는 Hard Case

(2) 팽창위치(Armed Position)

Girt Bar가 항공기 Door 문틀에 고정되어 있는 상태로 비상탈출 시 문을 개방하면 Escape Device가 자동으로 펼쳐지게 되어 있는 상태이다.

Bridge가 항공기로부터 분리될 때부터 다가올 때까지 항공기의 모든 Door Slide Mode는 팽창위치에 있어야 한다.

Door Mode 변경 순서

● 사무장의 지시
객실사무장은 Bridge(Step Car)가 항공기로부터 분리될 때 PA를 사용하여 Door Mode 선택 레버를 정상위치에서 팽창위치로 변경하도록 객실승무원에게 지시한다.

● Door Mode 변경 및 승무원 상호 확인
객실승무원은 Door Mode 선택 레버를 팽창위치로 변경하고 승무원 간에 상호 확인한다. Slide Mode 변경 후 Cross Check 시 엄지손가락으로 각자의 Slide Lever를 가리킨다.

● All Attendant Call에 응답
Door Mode 변경 시 사무장의 All Attendant Call에 응답하는 것은 Door Mode 변경사실 이외에 담당 Zone의 Push Back 준비완료 단계를 보고하는 포괄적인 절차이다.

Push Back 준비 완료상태

해당 팀장은 다음의 객실 준비사항을 재확인한 후 기장에게 'Push Back 준비 완료(Cabin is Ready for Push Back)'를 구두 보고한다.
● 승객 착석 및 좌석 벨트 착용상태(Door Close 전 화장실 내 승객 유무 확인)
  승객 좌석등받이, 개인용 Monitor, Tray Table, Arm Rest, Footrest 원위치 상태
● 휴대 수하물의 정위치 보관, Overhead Bin 닫힘상태, Aisle Clear 상태 확인 등 기타 유동물질 고정
● 갤리상태(모든 Serving Cart의 정위치 보관 및 Locking 상태) 확인
● 비상구 좌석 착석상태
● 모든 Door의 Close 및 Slide Mode 변경 여부

2) Welcome 방송

항공기 출입문을 닫고, Safety Check를 실시한 직후 방송 담당자가 Welcome 방송을 실시한다.

3) Safety Demonstration

(1) Safety Demo 내용

- Welcome 방송에 이어 항공기가 Push Back한 직후 객실승무원은 비행 안전 및 비상시에 대비한 구명 장비의 위치와 사용법을 비디오 상영을 통해 안내 한다.
  이는 항공 규정에 의한 항공사의 의무 규정으로서, 예기치 않은 기류변화 등 비행 중 발생할 수 있는 비상사태에 대비하기 위한 것이다. (좌석 벨트 안내방송은 비행 중 필요시 실시한다.)
- 장비가 설치되어 있지 않거나 비디오 상태가 불량한 경우는 방송담당 승무원 이 육성으로 방송을 실시하고 전 승무원이 비상구 좌석 주변에서 직접 Safety Demo를 실연하여 시범을 보인다.
- Safety Demo는 Multi-Portion인 경우 중간 기착지에서 신규 탑승한 승객 여부 에 관계없이 모든 구간에서 실시하며, Diversion과 회항 후 재출발 시에도 실시한다.

Safety Demo 내용

- 좌석 벨트 사용법
- 비상 탈출구 위치
- 구명복 위치 및 사용법
- 산소마스크 위치 및 사용법
- 금연 안내
- 전자기기 사용 금지 안내

(2) 실시 요령

- Safety Demo를 스크린으로 상영 시 승무원은 Jump Seat나 그 주변의 Side Wall에 비켜 서 있는다.
- 객실승무원이 실연을 하는 경우, 지정된 위치에서 Safety Demo 내용이 확실히 전달될 수 있도록 정확하고 절도 있는 동작으로 실시한다.
- Safety Demo가 끝난 후 여승무원은 Life Vest를 착용한 채로 담당구역별로 Aisle을 통과하며, 승객의 벨트 착용을 확인한다.
- 담당구역에서 UM, 장애 승객, 노인 승객 등 비상 탈출 시 도움을 필요로 하는 승객 및 객실 구조상 Demo를 볼 수 없는 좌석에 착석한 승객에게는 개별 브리핑을 실시한다.
- Safety Demo가 효과적으로 전달되도록 객실 조명을 조절한다.
  - 승무원 실연 시 : Full Bright
  - Film 상영 시 : Dim(어둡게 조절한다)

4) 이륙 전 안전업무

승무원은 이륙 준비를 위해 담당구역별로 비행 안전에 대비한 안전 점검사항을 재확인한다. 항공기의 이착륙 때 다음과 같은 안전과 관련된 제반사항을 승객 좌석, 객실 및 갤리별로 철저히 수행해야 한다.

(1) 승객 좌석 점검

- 승객의 착석 및 좌석 벨트 착용 시 취침 중인 승객은 깨워 벨트를 착용하도록 하고, 승객 테이블에 있는 음료컵 등은 회수한다.
- 유아는 따로 벨트를 착용하지 않고 보호자가 벨트를 맨 뒤 감싸안는다. Baby Bassinet의 사용은 이착륙 시에는 금지되어 있으며, 반드시 장탈하여 보관한다.
- 좌석 등받이, Tray Table, Monitor, Arm Rest, Foot Rest 등 정위치
- 승객 좌석 위에 Retractable Monitor, Retractable Screen 그리고 통로 측에 돌출되어 비상 탈출에 지장을 주는 Monitor와 Screen 등이 탑재, 장착된 경우

승객 탑승, 하기, 이착륙 시 원위치한다.

- 승객 휴대 수하물 및 유동 물건 고정
- Bulk Head Seat와 비상구 좌석 주변에 짐이 없는지 확인
- 전자기기 사용 관련 안내 및 확인

 어떻게 할까요?(이륙 직전)
- 지금 화장실 다녀와도 되지요?
- (벨트를 매지 않는 승객) 내가 이따 알아서 맬게요.

기내 전자기기 사용

전자기기에서 나오는 전자파가 항공기 전자시스템에 영향을 줄 수 있다는 우려 때문에 고도 1만 피트 이하에서는 항공기 내 전자기기 사용이 금지되어 왔으나, 2014년 3월부터 비행기모드로 설정한 스마트폰 등 휴대용 전자기기의 사용이 항공기 이착륙을 포함한 모든 비행단계에서 가능해졌다.

(2) 객실 점검

- 화장실 점검 및 승객의 사용 여부 확인
  각 Compartment Locking, 화장실 내부 비품 및 변기 덮개 고정
- 비상구 주변 정리, Door Side 및 Aisle의 Clear
- 객실 내의 시설물 안전상태 및 유동물 점검(Overhead Bin 닫힘상태)
- 객실 조명 조절(Dim상태)
  ▶ 야간비행 때는 승객의 독서등을 안내해 드린다.

(3) Galley 점검

- Galley 내의 탑재 물품, 모든 Compartment, Cart 등 유동 물건의 닫힘, 잠김 상태 확인(Locking & Latching)
- Galley Curtain 고정

이착륙 시 조명

통계적으로 비행기의 사고는 이착륙할 때 발생할 확률이 매우 높으며, 만일의 경우 항공기에 비상사태가 발생하면 객실은 암흑이 된다. 특히 야간비행에서 비상사태가 발생하면 승객과 승무원 모두 항공기 밖으로 탈출해야 되는데 그 경우 밝은 객실에 있다가 갑자기 깜깜해지면 아무것도 안 보일 수 있으므로 신속히 탈출하는 데 어려움이 크다.

그러므로 사고발생률이 높은 이착륙 시 만일의 경우에 발생할 수 있는 비상사태에 대비하여 시야 확보에 도움을 주기 위하여 기내조명을 어둡게 조절함으로써 승객과 승무원의 시야확보는 물론, 비상구 표시등을 더욱 돋보이게 해서 신속히 탈출하도록 하기 위한 것이다.

기내표준신호

기내에서 기내표준신호인 차임벨 소리는 일종의 커뮤니케이션 도구로 쓰이고 있다. 원칙적으로 차임이 울릴 때마다 안내방송이 뒤따르는데 순항고도에서 기내서비스를 시작할 때, 난기류가 끝났을 때는 방송을 하지 않는 경우도 있다.

기내표준신호는 대체로 다음과 같으나, 항공기종 및 항공사마다 차임벨이 울리는 횟수가 약간씩 다르기도 하고, 차임을 울리지 않는 항공사도 있다.

구 분	표준신호	대 응
Interphone Communication	Chime 1회	가까운 Handset을 받는다.
Take-off	Fasten Seat Belt Sign 3회 점멸 후 On	승객 및 승무원 착석 객실 내 이륙 준비
Turbulence	Fasten Seat Belt Sign 1회 점멸	Severe한 경우 2회
Approaching	Fasten Seat Belt Sign 3회 점멸 후 Off	객실 내 착륙 준비
Landing	Fasten Seat Belt Sign 3회 점멸 후 On	객실 내 착륙 준비 승객 및 승무원 착석

(4) 승무원 착석

• 최종적으로 이륙을 위한 안전 점검이 끝난 전 승무원은 담당구역별로 각자 기종별로 지정된 위치에 착석한다.

- 승무원은 Jump Seat에 착석할 때 신체를 고정시킴으로써 충격에 의한 부상을 예방하거나 최소화하기 위해, 좌석 벨트와 Shoulder Harness를 반드시 착용한다.
- 승무원은 이착륙 시 좌석에서 30 Seconds Review를 실시한다.

이륙 준비 완료

객실 사무장은 Take Off Signal(Fasten Seat Belt / Chime 3회)이 나오면 다음 객실 준비사항을 재확인하고 이륙 안내방송을 실시한 후, 기장에게 '이륙 준비 완료'를 보고한다.
- 객실 및 Galley 내 유동물 고정
- 승객 좌석의 원위치(좌석 등받이, Footrest, Tray Table, 개인용 Monitor 등)
- 승무원 착석상태(좌석 벨트, Shoulder Harness 착용) 등

Critical 11 / 비행안전 취약단계(Company Phases of Flight) / 30 Seconds Review

- 보잉사의 통계에 의하면 항공기 이륙 3분간 및 착륙 8분간이 항공기 사고의 78%를 차지하는 위험스러운 시점으로서 이를 'Critical 11'이라고 한다.
- 지상이동 및 고도 10,000ft 이하에서 운항하는 시점을 말하며, 이 시점에서는 운항승무원의 업무에 방해를 줄 수 있는 객실승무원의 어떠한 행위도 금지한다. 그러나 비정상 상황 발생 및 비행 안전상 필요하다고 판단이 되면 비행 안전 취약 단계에서도 운항승무원에게 연락을 취할 수 있다.
- 객실승무원들에게는 'Critical 11' 중에서도 이륙 직전과 착륙 직전 각각 30초씩 Thirty Seconds Review라 불리는 '침묵의 30초'라는 것이 있다. 30 Seconds Review란 항공기 이착륙 시 객실 승무원이 좌석에 앉아 있는 동안 현 단계에서 발생 가능한 비상사태를 스스로 가상하고 자신이 행할 활동을 약 30초 동안 구체적으로 Review하는 행동을 말한다. 이때 승무원의 착석자세는 좌석 벨트 및 Shoulder Harness를 착용하고 Jump Seat에 바짝 기대어 앉고, 양손바닥을 위로 향하게 하여 다리 밑에 고정시킨다.

✈ 국제선 객실업무 절차 - 중·장거리

Seat Belt 상시 착용 안내방송
Galley 브리핑
화장실 점검
객실 조명 조절
1차 기내식 서비스
- Menu Book
- Towel
- 식전음료(Aperitif)
- Meal Tray
- Wine, Water
- Coffee, Tea
- Meal Tray 회수

Galley, 화장실, Aisle, Seat 주변 정리
입국서류 배포 및 작성 협조
면세품 판매
영화 상영 및 승객 휴식
Walk Around
(In-between Snack 서비스)
2차 기내식 서비스 준비
2차 기내식 서비스
- Towel
- 식전음료(Aperitif)
- Meal Tray
- Water
- Coffee, Tea
- Meal Tray 회수

Cabin, Galley, 화장실, Aisle, Seat 주변 정리
착륙 준비

입국서류 배포 및 작성 협조

Seat Belt 상시 착용 안내방송

Galley 브리핑

화장실 점검

Headphone 서비스

객실 조명 조절

기내식 서비스

- Towel

- 식전음료(Aperitif) & Meal Tray

- Coffee, Tea

- Meal Tray 회수

Galley, 화장실 및 Aisle, Seat 주변 정리

Child Giveaway 제공

면세품 판매

승객 휴식 & Walk Around

Cabin, Galley, 화장실, Aisle, Seat 주변 정리

착륙 준비

1. Galley 브리핑

서비스 시작 전 각 구역별로 갤리 내에서는 원활한 기내식 서비스를 위한 Galley 브리핑을 실시하게 된다.

이는 탑승객 정보, 서비스 내용, 방법, 진행요령, 유의사항, Meal 내용 및 수량 등을 Galley 내의 승무원이 상호 재점검함으로써 식사서비스 진행에 착오가 없도록 하기 위함이다.

▶ 신속하고 원활한 서비스를 제공하기 위해서는 Aisle에서의 서비스도 중요하나, 이는 Galley 내에서의 효율적인 작업이 밑바탕이 되어야 가능하므로 서비스 전 Galley의 구조와 기용품의 탑재위치를 정확히 파악하여 자신 있고 신속한 서비스를 제공하도록 한다.

갤리브리핑은 중/장거리 노선에서 서비스 시작 전에 각 갤리별로 실시한다.

상위클래스는 해당 클래스의 선임승무원이, 일반석에서는 Galley Duty가 주관하여 실시하며 다음 사항에 관한 내용을 브리핑한다.

- 해당 구역의 탑승객 정보(특이사항)
- 탑재 기내식(Entree)의 내용 및 수량
- **Special Meal 내용 및 수량**(주문 승객 좌석 확인)
- 해당 구역의 서비스 진행 방법
- 서비스 시 유의사항 및 기타 특이사항

Headphone 서비스

항공사에 따라 Headphone, Child Giveaway, 도서 서비스 등의 제공시간이 상이하다. Headphone이 좌석에 미리 Setting되어 있지 않은 경우, 담당구역의 승객 수만큼 서빙 카트 (Serving Cart)나 Tray를 이용하여 준비한다. 필요한 경우 승객에게 사용법을 설명한다.

2. 1차 기내식 서비스

- Menu Book
- Towel
- 식전음료(Aperitif)
- Meal Tray
- Wine, Water
- Coffee, Tea
- Meal Tray 회수

1) Menu Book(해당 클래스에 제공하는 경우)

(1) 서비스 준비

- Menu Book의 탑재 위치, 청결상태, 수량 등을 Pre-flight Check 때 확인한다.
- 담당 승무원은 Zone별 탑승객 수만큼 준비한다.

(2) 서비스 요령

- Menu Book Cover가 승객 정면을 향하도록 하여 1매씩 개별 서비스한다.
- Menu 내용 및 조리 방법 등을 미리 숙지하여 승객이 선호하는 음식을 선택할 수 있도록 안내한다.

2) Hand Towel 서비스
노선, 출발시간에 따라 Hot Towel, Disposable Towel을 서비스한다.

(1) Cotton Towel

■ 서비스 준비

- Towel Pack을 Oven에 넣고 기준에 따라 Heating한다.
  - ▶ Towel Heating 시간은 항공기종에 따른 Oven의 기능에 따라 차이가 있으나 일반적으로 Med. 20~25분 정도이다.

- Heating한 Towel을 적당히 Towel Basket에 담고 필요시 Eau de Toilette을 뿌린다.
- 서비스 직전 온도, 습도, 냄새 등을 점검한다.

■ 서비스 요령

- 담당 Aisle별로 서비스한다.
- 손바닥으로 Towel Basket의 아랫부분을 받치고 Tong을 이용하여 말린 상태로 서비스하며, 사용하지 않을 때에는 Tong을 Towel Basket 아랫부분에 위치하도록 한다.

- 회수 때에는 사용한 Towel을 승객이 직접 Basket에 담을 수 있도록 유도하며, 승객이 담아주지 않을 경우 Tong을 이용한다.
- 회수된 타월은 반드시 회수용 정위치에 보관, 하기하도록 한다.
- 잔량은 Oven에 다시 보관하여 추후 비행 중 원하는 승객에게 제공하도록 한다.

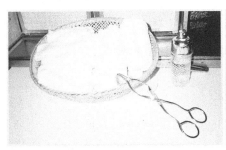

(2) Disposable Towel(일회용 물수건)

■ 서비스 준비

탑재된 상태 그대로 담당 Aisle의 승객 수에 맞도록 Towel Basket에 가지런히 담아 준비하되 Disposable Towel의 습도를 확인한다.

■ 서비스 요령

손으로 집어 하나씩 서비스하며, 회수 때에는 승객이 직접 Basket에 담을 수 있도록 유도하고 Towel Tong은 사용하지 않는다.

 어떻게 할까요?
- 기내식은 언제 주나요?
- 타월 몇 개만 더 갖다 줘요.
- 더운데 나는 시원한 타월로 주세요.

3) 식전음료(Aperitif) 서비스

식사 전의 음료는 식욕을 돋우는 역할을 하는 Aperitif의 개념으로서 항공사에 따라 서비스 방법에 약간의 차이는 있으나, 대체적으로 출발시간과 비행시간, 그리고 식사시간대에 따라 Tray 또는 Serving Cart를 이용하여 서비스한다.

갤리 담당 승무원은 Juice류, Soft Drink류, 맥주, 생수 등 서비스 전 차게 제공되어야 할 음료의 Chilling상태를 점검하고 서비스 담당 승무원은 Cocktail 제조에 관한 충분한 지식을 가지고 서비스에 임한다.

아침식사가 제공되는 경우, 음료 카트에 Hot Beverage(Tea, Coffee)를 준비한다.

(1) Liquor Cart를 이용한 Aperitif 서비스

일반적으로 비행시간 3시간 이상인 Flight에서 1차 Meal Tray 서비스 전에 실시하며, 모든 음료를 Cart 위에 준비하여 Presentation하고 서비스하는 형식이다.

■ 서비스 준비

- 탑재된 Liquor Cart의 상단에 각종 음료를 Setting하고 Cart의 하단 전/후면에 음료서비스에 필요한 물품을 준비한다.
- 모든 음료 및 주류는 상품의 제호가 승객에게 바로 보일 수 있도록 준비한다.
- 음료 카트도 승객에게 보이는 부분이므로 Cart 외부를 청결히 준비한다.

W/Wine, R/Wine, Liquor류
Juice, Soft Drink, Mixer, Milk
Water
Lemon Slice, Muddler
Plastic Cup
Ice Bucket & Ice Tong

[Cart 내부]

Cherry, Olive, Tomato Ketchup, Mustard, Cocktail Pick, Toothpick, Cocktail Napkin, Muddler	Worcestershire, Tabasco, Tomato Ketchup, Mustard, Cocktail Pick, Toothpick, Cocktail Napkin, Muddler
Nuts	Nuts
Ice Cube, Tong	Ice Cube, Tong
Beer, Coke, 7-Up	Beer, Coke, 7-Up
우유, 생수, PL/Cup	Mixer류, Diet Soda류, Extra Juice류

■ 서비스 요령

• 승객에게 제공되는 음료의 종류를 간략히 설명한 후 주문받는다.

• 맥주, 와인류는 차갑게 Chilling된 상태로 서비스하며, 탄산음료류는 얼음을 넣어 차갑게 제공한다.

• 음료는 승객의 Tray Table 위에 Cocktail Napkin & Nuts를 깔아드린 후 서비스한다.

• Cart에 준비되지 않은 음료는 갤리에서 별도로 준비하여 서비스하며, 기내에서 서비스되지 않는 음료는 양해를 구하고 다른 음료를 권한다.

• 서비스 흐름에 따라 2회 이상 충분히 Refill한다.

어떻게 할까요?
- 그냥 아무거나 주세요.
- 파라다이스(?) 한 잔 주세요.
- 코냑 더블로 한 잔 더!
- 배고픈데 난 지금 기내식 먼저 주면 안될까?

(2) Serving Cart를 이용한 Aperitif 서비스

Liquor Cart가 탑재되지 않는 구간에서 Serving Cart를 이용하여 식전음료를 제공하거나 2차 식사서비스가 있는 전 노선에서 2차 Meal Tray 서비스 전에 음료를 제공할 때 사용한다.

2차 Meal 서비스 전에는 휴식을 취하고 있던 승객에게 신선한 분위기를 제공하기 위하여 음료와 함께 커피, 차 등 Hot Beverage를 같이 준비하여 서비스한다.

■ **서비스 준비**

- Cart 상단에 Cart Mat를 깔고 음료 등 Liquor Cart의 내용물을 상단, 중단에 Setting한다.

[Cart 상단]

- Coffee, Tea
- Water
- Lemon Slice
- Plastic/Paper Cup
- Juice, Soft Drink, Milk
- Ice Bucket & Tongs
- Muddler Shelf
- Napkin

[Cart 중단]

Extra Beverage

- Hot Beverage를 서비스하는 경우 Pot를 미리 Warming하여 준비하고 신선한 맛을 위해 커피를 서비스 직전에 Brew한다.

■ 서비스 요령

Liquor Cart를 이용한 서비스와 동일하다.

(3) Tray 서비스

장거리 노선의 2차 기내식 서비스 전이나 착륙 전 음료서비스 때, 그 외 비행 시 승객 휴식 중 수시로 음료를 제공할 때 사용한다.

■ 서비스 준비

- Large Tray에 승객 분포를 고려하여 충분히 차게 준비한 각종 Juice류, Soft Drink류 등의 모든 음료를 Plastic Cup에 따르고 한쪽에 Cocktail Napkin을 준비한다. 탄산음료인 경우 반드시 Ice를 넣어 준비한다.
- 필요시 맥주가 준비된 Tray를 맥주의 종류별로 따로 준비하여 제공한다.
- 바스켓에 땅콩 등 스낵류를 준비하여 승객에게 제공한다.

■ 서비스 요령

- Zone별 또는 Aisle별로 기종별 Service Flow에 따라 제공한다.
- 담당 승무원이 준비된 Tray를 담당구역별로 들고 나가 승객으로 하여금 음료와 Cocktail Napkin을 직접 집도록 유도하여 제공한다.
- 준비되지 않은 음료를 주문할 경우 Galley에서 별도로 준비하여 제공한다.
  ▶ Galley Duty 승무원은 음료서비스가 진행되는 동안 수시로 점검하여 부족한 음료를 보충한다. (Hot Beverage 제공 때 적정온도로 제공되도록 한다.) 그 외 수시로 Used Cup을 회수하며 Used Cup을 회수할 때에는 Refill 여부를 확인하여 원하는 승객에게 별도로 제공한다.

4) Meal Tray 서비스

(1) 서비스 준비

- Entree의 메뉴에 따라 Heating 기준에 맞게 Heating하되 Entree Setting 시점과 서비스 진행 정도를 감안하여 승객에게 적정온도로 서비스되도록 유의한다.

- 승무원은 Meal 서비스 전 Entree의 Heating상태를 확인하고 기내식의 메뉴를 숙지한다.
  - ▶ 일반석은 식사서비스에 있어서 Entree가 차지하는 비중이 크므로 주재료, 요리방법, 소스, 곁들여진 야채와 Starch의 종류 등에 대한 자세한 정보를 숙지해야 한다.
    Entree의 내용 및 서비스 시간에 맞추어 Heating 및 Setting 시점을 조절한다.

- 각 Zone의 승객 수 및 승객 성향을 고려하여 Red Wine과 Chilling된 White Wine을 미리 Open하여 Breathing한다.
- 빵이 Tray에 올려 있는 경우 별도의 빵 Warming이 불필요하나 Bulk로 탑재된 경우 오븐을 이용하여 Warming한다.
  - ▶ Croissant, Garlic Bread 등은 Crispy한 맛을 느낄 수 있도록 Heating Pack을 사용하지 않고 오븐팬에 호일을 깔고 직접 올려 Heating하며, 이때 빵의 형태가 변형되거나 지나치게 타지 않도록 유의한다.
    남은 빵은 Meal 서비스 도중 Refill을 위해 여열이 있는 Oven에 남겨두어 서비스한다.

- 식사서비스 때 필요한 물품을 Cart에 준비한다.
  White/Red Wine, Beer 등 음료와 소스류(고추장) 준비
  - ▶ 식전음료서비스 시 담당구역 승객이 선호하는 음료를 파악하여 식사서비스 시 지속적으로 제공한다.

(2) 양식 서비스 요령

- 승객의 Tray Table을 편다.
- Entree의 종류 및 내용, 조리법 등을 간략히 설명한 뒤 승객으로부터 Meal 선택을 받는다.
- 승객이 원하는 Meal 선택이 불가능할 경우 정중하게 양해를 구하고 다른 메뉴를 권하여 제공한다.
- Tray 위의 내용물을 정리하여 Entree가 승객 앞쪽으로 놓이도록 제공한다.
- 빵을 별도로 서비스해야 하는 경우 Cart 위에 올려 Tray와 함께 제공한다.
- Tray를 서비스한 후 Wine을 권하여 제공한다.
- Entree의 Menu에 따라 필요한 Sauce류도 같이 준비하여 승객에게 권한다.

(3) 한식 서비스(비빔밥) 요령

- 승객의 Tray Table을 펴드린다.
- Tray는 비빔나물과 밥이 승객 앞쪽으로 놓이도록 제공한다.
- Tray 서비스 후 미역국을 드실 수 있도록 뜨거운 물을 곧이어 제공한다.
- 뜨거운 물을 서비스한 후 와인, 그 밖의 음료를 권하여 제공한다.
- 외국인에게 비빔밥을 서비스하는 경우 취식방법을 간략히 설명한다.

  ▶ 일반석 식사서비스에 있어서 중요한 점은 Meal의 적정온도 유지를 위해 서비스의 시작과 끝의 시차가 적어야 하므로 가급적 일반석의 전체 Meal Tray 서비스가 신속히 종료될 수 있도록 하는 데 있다.

Meal 서비스 시 유의사항

- Meal Cart를 이용하지 않고 개별적으로 Meal Tray를 승객에게 제공할 때에는 Meal Tray를 두 개 이상 포개어 들고 서비스하지 않는다.
- Meal Tray를 승객의 머리 위로 전달하지 않는다.
- Meal Tray를 승객의 Table 위에 내려놓을 때 소리가 나지 않도록 한다.

 어떻게 할까요?
- 이 생선은 어떻게 요리된 건가요?
- 닭고기밖에 없다고요?
- 나는 채식주의자인데요. 왜 주문한 특별식이 나오지 않는 거죠?
- 지금 배가 부른데 나중에 먹을 수 있나요?
- 음식이 너무 식어서 못 먹겠어요.

How to enjoy "BIBIMBAP" (韓式拌飯)
ビビンバの召し上がり方
Comment manger le "BIBIMBAP"

VACUUM-PACKED
STEAMED RICE
真空パックのご飯
RIZ VAPEUR EN
SOUS VIDE

1. Put the steamed rice into the
   BIBIMBAP bowl.

   ご飯を器に入れます。

   Versez le riz vapeur dans le bol
   à BIBIMBAP.

TUBE OF KOREAN   SESAME OIL
HOT PEPPER PASTE   ごま油
コチュジャン(唐辛子味噌)   HUILE DE
TUBE DE PÂTE DE PIMENT SÉSAME

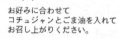

2. Add the sesame oil and hot pepper
   paste as you want. The paste might
   be spicy.

   お好みに合わせて
   コチュジャンとごま油を入れて
   お召し上がりください。

   Ajoutez l'huile de sésame et la pâte
   de piment selon votre propre goût.
   Cette dernière pouvant être épicée.

3. Mix the ingredients well.

   よく混ぜます。

   Mélangez bien tous les ingrédients.

SIDE DISH   SOUP
サイドディッシュ   スープ
ACCOMPAGNEMENT   SOUPE

4. Soup and side dish are included with
   your BIBIMBAP dish.

   わかめスープとサイドディッシュと
   いっしょにお召し上がりください。

   La soupe et l'accompagnement sont
   inclus dans votre plat de BIBIMBAP.

SKYTEAM
Caring more about you[SM]

5) Water / Wine Refill

- Meal Tray 서비스가 끝나면 Meal Cart를 갤리 내의 정위치에 보관하고 Hot Beverage 서비스 준비를 확인한다.
- Meal 서비스와 동일한 Flow로 물과 와인을 서비스한다.
- 서비스 전 와인의 품명 및 특성 등을 확인한 후 와인 서비스 요령에 의거하여 Refill한다.
- 물과 와인의 잔량이 1/3 이하 정도일 경우 Refill하며, 반드시 2회 이상 적극 권유하여 충분히 서비스한다.

Wine 서비스 요령

- 원하는 와인을 선택받는다.
- 간략히 Wine을 소개하며 라벨을 보여드린다. 전면라벨을 고객이 볼 수 있도록 병의 Back Label을 움켜쥐면서 와인병을 잡는다.
- 와인을 따른다. (필요시 와인 Tasting)
  - 와인을 따를 때는 병의 몸통부분을 잡는 것이 가장 안정한 병 잡는 법이나, 때로는 병의 펀트부분에 엄지손가락을 넣어 와인병을 잡고 따르는 방법도 있다.
  - 와인잔 가장자리에 병입구를 대고 와인병 입구가 유리잔에 닿지 않도록 한다. 와인을 콸콸 쏟아붓듯이 따르지 말고, 시냇물이 졸졸 흐르듯 경쾌하게 따른다.
  - 일반적으로 잔의 1/2만큼만(2/3 이하) 따르며 잔이 클 경우엔 그 이하로 따른다.
  - 글라스에 적당량의 와인이 따라졌다고 판단되면, 천천히 병입구를 글라스 중앙으로부터 올려준다. 올리면서 천천히 병을 시계방향으로 약간 돌려주면 와인의 흐름을 방지할 수 있다. 마지막에 병을 살짝 돌리는 것은 와인 방울이 테이블에 떨어지지 않도록 하기 위해서다.
  - 따르기 전에 병을 흔드는 것은 절대 금물이다. 고급 와인일수록 침전물이 병 밑바닥에 많이 깔려 있어 불순물이 따라질 염려가 있기 때문이다.
- 따른 후에는 Eye Contact & Smile한다.
- 다른 술종류와 달리 와인은 식사도중 계속 Refill한다.

 어떻게 할까요?
- 이 생선에는 어떤 와인이 맞나?
- 이 와인 프랑스산 맞아요?

6) Hot Beverage 서비스

(1) 서비스 준비

- 커피는 신선한 맛을 위해 서비스 직전에 Brew하여 준비한다.
- Pot 내외부의 청결상태를 확인한 후 뜨거운 물로 Warming하여 준비한다.
- Hot Beverage 서비스용 Small Tray에 설탕, 크림 등을 추가로 준비한다.

(2) 서비스 요령

- Dessert와 함께 드실 수 있도록 승객의 취식 정도를 감안하여 적당한 시점에 서비스한다.
- Meal Tray 서비스와 동일한 Flow로 서비스한다.
- 항상 뜨거운 상태로 서비스되도록 한다.
- 승객이 직접 Small Tray 위에 컵을 올려놓고 승무원이 Aisle에서 음료를 따른 후 필요한 차류, 설탕 등을 직접 집도록 권유한다.
- 컵의 2/3 정도 채워 서비스한다.
- Tea 서비스의 경우 레몬을 적극 서비스한다.
- 승객에게 제공할 때 Tray를 낮추어 승객이 컵을 잡기 쉽도록 배려한다.
- 반드시 2회 이상 Refill한다.

 어떻게 할까요?
- 다른 커피(차)는 없어요?
- 커피가 다 식었네요.
- 아이스커피(티)는 없어요?

---

7) Meal Tray 회수

(1) 회수 준비

Meal Cart 상단에 Hand Towel, Refill을 위해 Water, 그 밖의 음료(승객이 식사 중 즐겨 찾는)를 준비한다.

(2) 회수 요령

- Meal Tray 회수는 승객의 90% 이상이 식사를 끝냈을 때 시작하며, 식사를 미리 끝낸 승객의 Meal Tray는 개별적으로 회수한다.
- 회수는 서비스 때와 반대로 통로 측 승객의 Tray부터 회수하고 창 측으로 진행한다. 통로 측 식사가 진행 중인 승객에게는 방해가 되지 않도록 유의한다.
- 회수 때에는 반드시 승객의 의사를 묻는다.
- Meal 서비스와 동일한 Flow로 회수하며, 회수 때 깨끗하지 않은 승객 Table은 준비한 Towel로 닦아드린다.
- 회수한 Tray는 Cart의 상단부부터 넣는다.
- 각 Zone, 각 Aisle의 회수 속도는 승객의 상황에 따라 다른 점에 유의하여 승객이 충분한 여유를 가지고 드실 수 있도록 한다.

 어떻게 할까요?
- 기내식이 입맛에 맞지 않아서 못 먹었어요.
- 너무 양이 적은데 기내식 하나 더 줄 수 있어요?

8) Meal 서비스 후 업무

- 승객 좌석 주변 및 Seat Pocket 정리 정돈
- Aisle 청결상태 유지 및 잡지꽂이 정리
- 화장실 내의 칫솔 등 화장실 용품 보충 및 청결유지
- Galley 내의 각 Compartment 정돈, 기물정리 및 정위치 보관, Trash Can 정리

3. 입국서류 배포 및 작성 협조

객실승무원은 기내식 서비스 후 승객의 입국 편의를 위해 항공기 도착 전 해당 도착국에 따라 입국에 필요한 입국서류를 승객에게 안내하고 배포하며 작성에 협조한다.

일반적으로 서류는 입국카드와 세관신고서이며, 승객의 여행상태 및 수하물의 종류 등을 참조하여 정확하게 작성할 수 있도록 한다.

승무원은 각 도착지 국가의 출입국 규정에 의거하여 작성요령을 사전에 정확하게 숙지하여 승객이 빠짐없이 정확히 작성하도록 적극 협조한다.

- 담당구역별로 도착지 입국에 필요한 서류를 배포하고 작성을 협조한다.
- 입국서류는 이륙 후 제공하는 것을 원칙으로 한다.
- 도착지 국가의 출입국 규정을 숙지하여 승객이 정확히 작성하도록 안내한다.
- 도착 직전 입국에 필요한 서류 소지 및 작성 여부를 재확인한다.
- UM, 노약자 등은 서류 작성에 적극 협조한다.
- TWOV 승객의 서류는 TWOV로 통과하는 해당국의 마지막 기항지 출발 후 돌려준다.

↑ 미국 입국신고서　　　　　↑ 미국 세관신고서

↑ 일본 입국신고서

Quarantine Information for the travelers into the Korea or the United States.

Agricultural or livestock products - plants or meats - you are bringing into Korea from a trip abroad can be infected with pests that may be invisible but are deadly to the environment. Therefore, all agricultural or livestock products should be declared to the plant or animal quarantine service for inspection.

Fruits, Vegetables, and Plants

Inspectors will examine all plants or plant products such as fruits, vegetables, seeds and nursery stocks if they are free of pests or diseases. Import of most tropical fruits(mango, papaya, etc.) and plants with soil is prohibited whether or not the commodities are pest-free.

Meats, Meat Products, and Livestock Products

Meats(beef, pork, etc.) and meat products(ham, sausage, etc.) from import prohibited countries cannot be brought into Korea. When the commodities are brought from import permitted countries, they should be accompanied by a certificate issued the national animal quarantine authorities of the origin countries.

You should declare any of these items by marking on the customs declaration card. If you are found carrying any of these items without declaration, you will be fined up to 1 million Korean Won for plants, and 5 million Korean Won for meats. (Into the United States, $50~$250)

Declare it,

Dump it,

Or pay a fine!

한국 또는 미국으로 입국하시는 여행객들에 대한 농산물 검역 안내

해외 여행시 가지고 들어오는 식물류나 육류 등 농 · 축산물은 눈에 보이지 않으나 자연 환경에 큰 피해를 줄 수 있는 무서운 병해충에 감염되어 있을 수 있습니다. 따라서 농 · 축산물을 휴대하고 계신 여행객들은 동 · 식물 검역 기관에 반드시 사전 신고하여 검역을 받으셔야 합니다.

과일, 채소 등 각종 농산물

검역관들은 과일, 채소, 종자, 묘목 등 모든 식물류에 대해 병원균(病原菌)이나 해충(害蟲)에의 감염 가능 여부를 검사하게 됩니다. 대부분의 열대 과실류(망고, 파파야 등)와 흙이 묻어 있는 식물은 수입 금지품으로 병해충 감염 여부에 관계 없이 반입할 수 없습니다.

육류, 육 가공품 등 축산물

육류(쇠고기, 돼지고기 등)와 육가공품(햄, 소시지 등)은 국내 반입이 금지된 국가들이 있으니, 수입이 허용되는 국가의 경우에도 당해 국가의 동물 검역기관에서 발행한 검역 증명서를 휴대하여야만 반입이 가능합니다.

신고를 하지 않고 반입하려다 적발되면 식물류는 100만원의 과태료가 부과(미국의 경우 $50~$250)되며, 육류 등은 최고 500만원의 벌금이 부과되고 있으니 해당 물품을 소지하고 계신 승객께서는 세관신고서에 기재하여 도착 즉시 검역관 또는 세관원에게 제출하여 주시기 바랍니다.

국립식물검역소 http://www.npqs.go.kr | 국립수의과학검역원 http://www.nvrqs.go.kr

↑ 검역안내

4. 면세품 판매

기내 면세품 판매는 각 항공사마다 대고객 서비스의 일환이라는 측면에서 중요한 기내서비스 내용 중 하나라고 할 수 있다.

기내식 서비스 후 면세품을 판매하기 전에 안내방송을 하며, 해당 구간의 비행시간 및 서비스 절차를 감안하여 실시한다.

판매 담당 승무원들은 Cart에 면세품을 준비하여 객실을 순회하며, 구입을 원하는 승객에게 면세품을 판매한다. 판매 시 승객에게 해당국의 입국 허용 면세량을 안내한다.

기내 면세품 판매도 전체 객실서비스의 일부이나 휴식을 취하는 다른 승객에게 방해가 되지 않도록 해당 구역의 객실 조명만을 밝게 유지하는 형식으로 진행하는 것이 바람직하며, 객실 내에 서비스 공백이 생기지 않도록 함이 중요하다.

● 면세품의 종류

주류, 화장품, 향수, 액세서리, 초콜릿, 펜류, 어린이를 위한 선물용품 등이 있으며 노선 및 상황에 따라 추가되거나 판매가 중지되는 품목이 있으므로 비행 준비 시 관련 업무지시를 반드시 확인한다.

● 면세품 가격

자세한 내용은 기내 판매 안내지와 항공사 기내지에 소개되어 있으며, 그 내용은 매달 Update되어, 이를 통해 변동되는 환율과 가격을 알 수 있다.

● 수수 화폐/카드

원칙적으로 해당 항공사가 지정한 화폐 및 신용카드만이 수수 가능하며 수수 화폐 및 환율, 가격은 수시로 변동하므로 최근 공지사항 및 기내 면세품 안내서를 참고한다.
　－ 현금 : 기내에서 취급하는 화폐는 세계적으로 신용도가 높고 환율이 안정적인 나라의 화폐만 취급하므로 유의한다.
　－ 신용카드(Credit Card)
　　• 수수가 가능한 Card인지 카드의 종류와 유효기간을 확인한다.
　　• KRW과 USD로만 수수 가능하며, 정해진 1회 사용 한도액을 초과하지 않도록 유의한다.
　　• Card 전표에는 승객의 Card 번호와 서명이 정확히 기재되었는지 확인한다.
　－ 여행자수표(Travellers Check)
　　• Counter Sign과 Original Sign의 일치 여부를 확인한다.
　　• 뒷면에 승객의 성명, 여권번호, 편명 및 날짜 등을 기재한다.

● 기내 주문판매
　－ 기내 주문제도 : 항공사별로 정해진 Class에 한해 승객 탑승 때 접수된 주문서를 받아 물품을 Packing하여 주문을 접수한 승무원이 직접 전달하는 판매방식이다.
　－ 사전 예약 주문제도 : 사전에 승객이 원하는 품목을 전화, FAX, 인터넷 등으로 접수받아 기내에서 전달하는 판매방식(S.H.R. 또는 P/L을 이용하여 승객의 좌석번호 확인)으로 일반적으로 서울 출발 24시간 전까지이다.
　－ 귀국편 예약 주문제도 : 기내에 탑재된 귀국편 예약 주문서로 예약 주문을 받아 귀국편 기내에서 면세품을 전달하며, 대금을 수수하는 판매방식이다.

5. 영화 상영 및 승객 휴식 중 업무

기내식 서비스 후 승객은 개별 모니터나 스크린을 통해 영화를 감상하거나 독서나 취침을 하게 된다.

이때 승무원은 승객의 편안한 여행을 위해 승객 개개인의 상황에 맞게 도움을 제공하고, 항공 여행의 쾌적성을 최대한 배려하도록 한다.

객실의 담당구역을 순회하며 승객에 따라 음료 제공이나 편안한 취침을 위한 서비스 등 섬세한 승무원의 서비스를 발휘할 수 있는 시점이다.

1) 객실 내 영화 상영 시

객실승무원은 영화를 상영하기 전 다음의 준비상태를 확인한 후 안내방송을 실시한다.

- 스크린 상영 시 승객의 영화관람 준비상태 및 객실 화면상태 점검
- 담당구역별 조명 조절
- Window Shade Close
  ▶ Window Shade Close는 영화 상영 후를 감안하여 주야 비행시간대를 조절하여 실시한다.

- Headphone 재서비스
- 개별 모니터 사용법 안내(Channel 및 프로그램 선택)

2) Walk Around

승객이 휴식을 취하는 동안 승무원이 일정 시간 간격으로 담당구역을 정기적으로 순회하는 것을 말하며, 객실의 안전 유지 및 승객의 욕구를 충족시킴으로써 항공 여행의 쾌적성을 도모하는 데 목적이 있다.

담당구역 순회 후 승객의 가시권에서 대기하며 승객들의 욕구를 미리 찾아서 충족시키도록 적극적인 Personal Touch를 하는 것이 중요하다.

- 상위클래스 : Bar 부근이나 해당 클래스 후방에 대기
- 일반석 : 각 Zone 전방 또는 화장실 주변 Jump Seat에서 대기

(1) 승객응대

- 무료한 승객에게 기내에서 제공이 가능한 독서물, 오락용품(바둑, Chess Set 등) 등을 적극적으로 서비스한다.
- 객실 내부의 Magazine Rack은 수시로 읽을거리를 보충, 정리하여 비행 중

승객이 이용할 수 있도록 한다.

- 독서 및 영화를 감상하는 승객에게는 음료수나 간식을 권한다.
  - 비행 중 객실은 매우 건조하므로 수시로 승객에게 음료를 제공한다. 승객 기호 및 상황을 감안, 적정량의 음료를 Tray에 준비하여 개별적으로 제공한다.
- 취침을 원하는 승객에게는 베개, 모포, 안대 등을 권하며, 취침을 못 하는 승객에게는 알코올류나 따뜻한 음료를 권한다.
- 장거리 비행 중 노인, 유아 동반 승객, 장애자 등 도움이 필요한 승객의 Care에 유의한다.
- 승객 호출에 즉각 응대하도록 하며, 승객 요구사항은 메모지를 활용하여 잊지 않고 즉시 해결하도록 한다.
- 승객의 휴식을 위해 Walk Around 때 손전등을 사용하며, 어두운 객실 통로를 지날 때 승객과 부딪히지 않도록 유의한다.
  - Screen 주위 승객에게는 Slumber Mask를 권유, 제공한다.
  - 작업 시 Galley에서 새어 나오는 불빛과 소음에 유의한다.
  - 비행 중 좌석 벨트 사인이 켜지면 즉시 안내방송을 하고 승객의 벨트 착용상태를 점검하고 화장실 내의 승객 유무를 확인한다.

 어떻게 할까요?
- 이 담요 내릴 때 가져가도 되죠?
- 저기 앞에 비즈니스석이 비었던데 잠만 자고 오면 안될까?
- 지금 조종실 구경할 수 있어요?
- (기체요동 시) 이렇게 비행기가 흔들려도 괜찮은 거예요?
- 지금 어디쯤 지나가고 있는 거예요?
- 기내가 너무 더워요.
- 감기가 심하게 걸려서 지금 너무 추워요.
- 지금 비행기 멀미가 너무 심해요.

기내 스트레칭(Stretching in the Air)_

It is easy to stiffen up during a long flight. Here are a few simple stretching exercises to help loosen muscles and joints. You can perform them in your seat, but make sure it is in the upright position. Remember to respect the airspace of other customers. Breathe normally, and do not overstretch. Repeat the programme at intervals of, say, two hours.

다음은 근육과 관절을 부드럽게 해주는 스트레칭 동작들이다. 좌석에 편안히 등을 대고 앉아서 호흡은 자연스럽게 하고 과도하게 스트레칭되지 않도록 주의를 요한다. 두 시간마다 반복하는 것이 좋다.

(1) 손가락 끼고 앞으로 펴기(Arms)

Interlace your fingers, then straighten your arms out in front of you with palms facing out. Feel the stretch in arms and through upper part of back. Hold stretch for 20 seconds. Repeat two times.

손가락을 깍지 껴 어깨 높이에서 자연스럽게 앞으로 편다. 20초간 두 번 반복한다.

(2) 머리 뒤 팔꿈치 아래로 누르기(Upper Arm)

Hold your right elbow with your left hand, then gently pull elbow behind head until an easy tension-stretch is felt in shoulder or back of upper arm. Hold for 30 seconds. Do both sides. Do not overstretch.

한쪽 팔을 머리 뒤로 올린 후 구부린 상태에서 팔꿈치를 아래 방향으로 누른 후 30초간 유지한다. 반대편도 동일하게 실시하며 과도하게 스트레칭되지 않도록 주의한다.

3) 머리 기울이기(Neck)

Place your left hand on the upper right side of your head. Exhale, and slowly pull the left side of your head onto your left shoulder. Hold for 10 seconds. Repeat two times.

왼쪽 손을 반대쪽 머리 위에 위치한 후, 천천히 어깨 쪽으로 잡아당긴다. 반대편도 동일하게 실시하며 2번 반복한다.

(4) 발목 위아래로 젖히기(Foot)

Start with both heels on the floor and point feet upward as high as you can. Put both feet flat on the floor. Lift heels high, keeping balls of feet on the floor. Repeat 20 times for legs.

두 발을 바닥에 대고 뒤꿈치를 붙인 상태에서 발가락을 들어올린 후, 이번엔 발가락을 바닥에 댄 상태에서 뒤꿈치를 가능한 들어올린다. 20회 반복한다.

(5) 다리 구부리기(Knee)

Lift leg with knee bent while contracting your thigh muscle. Alternate legs. Repeat 20 times for each leg.

왼쪽 무릎을 구부려 가슴 부위까지 올린 상태에서 발목을 아래위로 움직인다. 반대로도 실시하며 20회 반복한다.

(6) 다리 들어올리기(Leg)

Hold on to your lower left leg just below the knee. Gently pull it toward your chest. To isolate a stretch in the side of your upper leg, use the left arm to pull the bent leg across and toward the opposite shoulder. Hold for 30 seconds. Do both sides.

두 손을 깍지 낀 후, 왼쪽 다리를 구부려서 가능한 한 가슴 쪽으로 잡아당긴다. 30초간 유지하며 반대편도 동일하게 실시한다.

〈출처 : 대한항공 기내지〉

● 기내 스트레칭

최근 들어 항공기 승객 좌석이 보다 안락하고 여유로워지고 있는 추세이기는 하나 승객들이 가장 불편을 느끼는 것은 장시간에 걸쳐 좁은 좌석에서 좌석 벨트를 맨 채로 여행하면서 받는 스트레스일 것이다. 특히 일반석의 경우는 좁은 기내 공간 여건 때문에 화장실에 갈 때 이외에는 계속 좌석에 앉아 있는 상태이므로 신체적으로 상당한 스트레스를 수반하게 된다.

그러므로 승객은 비행 중 일정시간 간격으로 가벼운 스트레칭과 마사지를 하거나, 기내 통로를 걷는 것이 바람직하다. 또한 과음을 피하고 충분한 수분 섭취를 하는 것도 중요하다.

▶ 혈액순환장애(이코노미증후군, Economy Class Syndrome)
　의자에 앉아 움직이지 않은 상태로 장시간 비행하면, 다리 정맥의 혈액순환이 느려져 발이 붓는 현상이 나타나고, 경우에 따라 하체 부분에 혈액응고 장애가 일어나 혈전증이 유발될 수도 있다.

● 충분한 음료 섭취

기내에서는 소화기관의 활동이 둔해지므로 되도록 소량의 가벼운 식사를 하고, 수분을 자주 충분히 섭취하는 것이 좋다. 즉 저지방 식품이나 과일, 야채를 섭취하고, 한 시간에 한 번씩은 탄산이 들어 있지 않은 생수나 과일주스 등을 충분히 마시는 것이 바람직하다.

커피, 홍차 등을 많이 마시면 오히려 몸의 수분을 더 잃게 되고, 알코올성 음료도 오히려 수분 부족의 원인이 되기 때문에 기내에서는 피하는 것이 좋다.

또한 과식을 하거나 탄산음료, 맥주 등 가스가 많이 생성되는 음료는 위장에 부담을 줄 수 있다.

● 기타

- 항공기 내는 매우 건조하므로 장거리 노선에서는 피부나 점막에 염증을 일으킬 수도 있기 때문에 승객들은 콘택트렌즈(Contact Lens)도 항공기 안에서만큼은 안경으로 바꿔 끼는 것이 편안한 항공 여행에 도움이 될 것이다.
  또한 피부를 촉촉하게 해주는 보습제와 워터 스프레이를 사용하는 것도 좋은 방법이다.
- 기내는 적정온도로 유지되나, 비행 중 에어컨이 가동되므로 기내에서의 복장은 얇은 소재의 긴 소매 상/하의를 입는 것이 좋다.
- 비행기 이착륙 시의 기압변화 때문에 귀가 멍멍해지는 경우에는 가볍게 턱을 움직이거나, 물을 마시도록 한다. 입을 다물고 코를 막은 후 가볍게 부는 방법도 효과적이다.
  어린 아이에게는 먹을 것을 주거나 우유병을 물리는 것이 도움이 된다.

(2) 객실 관리

■ 객실 및 승객 좌석 점검

● 비행 중 화장실, Door Side 및 객실 후방 등 안전 취약 지역을 수시로 점검하여 갑작스러운 응급환자 및 화재 발생에 대비한다.

- 승객 좌석 주변 및 Galley, Aisle, 화장실 등을 수시로 점검하고 항상 청결하게 유지한다.

  ▶ Galley 주변, Door Side, 화장실 주변 등이 다른 좌석보다 쾌적성이 낮다고 생각하는 좌석의 승객에게는 비행 중 수시로 관심을 갖고 서비스한다.

- 승객 좌석 앞 주머니 안에 승객이 사용한 컵이나 불필요한 물건을 치우고, 승객이 자리를 비웠을 때에는 좌석 주변의 신문, 잡지, 담요 등을 정돈한다.

■ 화장실 점검

- 화장실은 항상 청결하게 유지되도록 수시로 관리하며, Air Freshener를 Spray한다.
- 수시로 필요 물품을 보충하고, 1차 기내식 서비스가 끝난 후의 시점과 2차 기내식 서비스가 시작되기 전에 칫솔을 충분히 Setting한다.
- 비행 중 화장실 내에서 흡연하는 승객이 있는지 주의 깊게 점검한다.
- 화장실 내부 시설물의 고장 여부와 청결상태를 수시로 점검하고 부족 물품은 보충한다.
- 고장 난 화장실은 더 이상 사용하지 않도록 잠그고, 문에 'Repair Tag'을 부착한다.

■ 온도조절

- 객실승무원은 항상 객실의 쾌적성 유지를 위해 적절한 온도 조절을 해야 한다. (객실 적정온도는 24°C 정도로 유지시킨다.)
- 온도 조절이 필요한 경우 Cabin Attendant Station Panel에서 조절할 수 있으며, 객실 내에 온도 조절 Panel이 없는 경우 Cockpit에 연락을 취하여 조절할 수 있다.
- 비행 중 승객 개인마다 혹은 좌석 위치에 따라(창측, Door Side) 요구하는 적정 온도의 차이가 있을 수 있으므로 담요, Hot/Cold Beverage 등을 우선적으로 세심하게 서비스한다.

항공기에는 항공기가 지상에 있거나 비행상태에 있을 경우, 조종석 및 객실을 청결하고 쾌적하게 유지하기 위하여 기내로 계속해서 신선한 공기를 공급하고, 이산화탄소(CO_2) 등 사용된 공기는 계속 항공기 밖으로 배출시킴으로써 객실 내를 항상 신선하게 하고, 온도를 적절하게 유지시켜 주는 장치가 설치되어 있다. 이를 통상 에어컨디셔닝 시스템(Air Conditioning System)이라고 하며, 이 에어컨 시스템은 냉방과 난방이 모두 가능하다.

▪ 소음발생 주의

승객 휴식시간 중에 승무원으로 인해 다음과 같은 경우 소음이 발생하지 않도록 특히 유의한다.

- 갤리에서 작업할 때 Cart 이동 및 Compartment, Cart, Carrier Box 등의 Door를 열고 닫을 때
- 객실 통로를 통행할 때
- Overhead Bin을 열고 닫을 때
- Curtain을 열고 닫을 때
- 승무원 간 대화할 때

Class Divider(Curtain)

클래스를 구분하는 모든 기내설비를 의미하며, 비행 중 승객의 쾌적성 확보를 위해 Fasten Seat Belt Sign이 Off되면 각 클래스를 구분하는 Curtain을 닫아 하위클래스에서 상위클래스로의 승객 이동을 제한한다. 또한 착륙 후 승객 하기 시 승객 하기 순서가 지켜지도록 하기 위해 Curtain을 사용할 수 있다.

그러나 Class Divider는 이착륙 시 Fasten Seat Belt Sign On 시 반드시 열어서 고정되어 있어야 한다.

▪ 조명 조절

객실 조명은 비행 중 객실 분위기 연출은 물론 비상탈출 때 외부환경 적응에 중요한 역할을 하게 되므로 이착륙 때 안전성을 고려하여 조절한다.

객실 조명 조절은 사무장 주관하에 실시하며, 비행 중 시점별로 적합한 객실 조명

상태가 유지되도록 하고, 조명 조절 때에는 각 구역 및 등급별로 통일되도록 한다.

- 승객 탑승, 하기 및 식사 서비스 때 : Full Bright
- 영화 상영 및 승객 휴식 때 : Dark

  ▶ 야간비행의 식사서비스, 기내 판매 및 영화 상영 직전, 착륙 전 음료서비스 등의 경우에는 서비스 시간대를 고려하여 단계별로 적절히 조절하여 유동성 있는 조명 연출이 필요하다.

3) Crew Rest

비행시간이 10시간 이상인 직항편의 경우 승무원의 교대가 없을 때 사무장은 기내서비스 절차를 고려하여 Crew Rest를 2개조로 편성, 운영한다.

Crew Rest 중 승무원은 개인적인 여가활동을 할 수 없으며, 다음 근무를 위해 충분한 휴식을 취해야 한다.

Crew Bunk

B747-400, B777-200, A330-200 등 일부 기종에 Bed Type의 휴식공간이 있어 승무원이 장거리 비행 중 교대로 휴식을 취할 수 있다.

근무조 승무원은 휴식조 승무원의 담당구역에 공백이 발생하지 않도록 비행 안전 및 승객 서비스에 만전을 기해야 하며, Crew Rest가 끝난 승무원은 자신의 용모를 재점검하고 근무에 임해야 한다.

6. 2차 기내식 서비스

- Towel
- 식전음료(Aperitif)
- Meal Tray
- Water
- Coffee, Tea
- Meal Tray 회수

7. 서류 작성

1) 서비스용품 Inventory 및 List 작성

- Dry Item Inventory List는 서울 출발편(Outbound FLT) 기내에서 서비스하고 난 후 소모품의 잔량을 점검하여 인수인계 때 교대 승무원 팀이 이를 참고하도록 작성하는 모든 서비스 물품에 대한 서류이다.

  > ▶ Inventory List의 작성목적은 서울 귀환편(Inbound FLT)에서 사용하게 될 서비스 물품의 잔량을 정확히 인계함으로써 다음 구간의 서비스가 차질 없이 진행될 수 있도록 하는 데 있다. 즉 교대팀은 작성된 Inventory List를 근거로 탑승객 수를 감안하여 비행 전 부족한 물품을 탑재하도록 해당 공항 탑재원에게 물품 주문을 하게 된다.

- Dry Items List는 국제선 Outbound 비행에서만 작성하며, 일부 단거리 노선, 즉 동일 Team이 In & Outbound FLT 근무를 모두 하는 경우는 해당노선 특성에 의해 상시 부족한 물품 위주로만 Inventory한다.

- Dry Items List는 중요한 인수인계 서류이므로 정확성을 기해 작성하고 각 클래스별 공히 규정의 리스트에 의거하여 실시한다.

2) Liquor Inventory 및 List 작성

- 미국 등 국가의 세관규정(Customs)에서는 Liquor류의 Inventory List 작성을 요구하고 있으므로 Dry Item Inventory List 이외에 정확한 Liquor Inventory List 서류 작성이 필요하다.

- 보통 말하는 Liquor Inventory List는 미국 입국 때 작성하는 것으로 Multi Portion인 경우는 미국 국내선 구간이더라도 국제선 연결편이므로 Liquor Inventory List를 작성해야 한다.

- Liquor List를 작성하고 Seal No.까지 기록하는 것은 기내에서 사용되는 주류가 모두 면세품, 즉 기내서비스 전용으로만 사용될 수 있기 때문에 보세구역 이외로 반출되는 것을 막기 위해 해당국가 세관 당국에서 요청하는 서류이다.

3) 작성 시 유의사항

- Inventory는 작업의 정확성을 기하기 위해 모든 서비스가 끝난 후 서비스 물품 잔량을 파악하는 것이므로 아직 서비스 절차가 남아 있는 경우에는 도착 잔여 시간, 서비스 횟수, 당일 승객 취식 정도 등을 감안하여 물품 소모량을 추정해서 1차적으로 파악하고 2차 서비스까지 끝난 후 최종적으로 정확히 정리하는 것이 중요하다.

- Inventory 작업 때 가장 유의할 점은 승객 휴식 시점이므로 갤리에서 Inventory 작업 도중 소음이 나거나 불빛이 새어나가지 않도록 해야 하며, Cart Handling 때에는 Locking을 철저히 하는 등 비행 안전을 위해 유동물질 고정에 유의한다.

승객 관련서류 업무

- Cleaning Coupon

승무원이 기내 근무 중 급격한 기류 변화로, 또는 승객이나 승무원의 실수로 인해 승객의 의복이 오염 훼손되었을 경우에 제공하며, 해당편 사무장이 발급한다.

- Passenger Mail

기내에 탑재된 봉투(편지지)나 엽서를 이용한 Passenger Mail은 회사의 부담으로 우송되며, 사무장은 접수된 Passenger Mail을 Passenger Service Request Envelope에 넣어 도착지 공항의 지상 직원에게 인계한다.

승무원은 기내에서 승객으로부터 의뢰받은 Passenger Mail이 분실 또는 훼손되지 않도록 유의해야 한다.

- Suggestion Letter

고객 제언서는 승객으로부터 회사의 대고객 서비스에 대한 평가를 받고 문제점의 발견을 통해 서비스의 향상을 기하는 데 그 목적을 두고 기내에 비치해 놓은 승객 의견서이다.

비행 도중 승객의 고객 제안서 기입에 적극 협조하고 회수된 서신이 임의 개봉되거나 분실되지 않도록 한다.

Passenger Mail과 동일한 요령으로 보관, 인계한다.

제4절 착륙 전 업무

✈ 착륙 준비 업무절차

착륙 준비 안내방송 실시

안전 관련업무 수행

승객 입국서류 재확인

승객 Coat 및 물품 반환

기내 도서, 잡지 등 서비스 물품 회수 보관

베개, 모포 정리

Head Phone 회수 및 보관

서비스용품 정리

입항서류 작성 확인

착륙 준비

승무원 착석

1. 착륙 준비 업무

1) 기장 도착 안내방송 후

- Headphone 회수 및 정위치 보관
- 기내도서, 잡지 회수 및 보관
- 입국서류 작성 재확인

각 구역의 담당 승무원은 비행 중 기배포한 도착지 입국에 필요한 서류의 작성 여부를 담당구역별로 재확인하고 승객의 미비한 서류 작성에 협조한다.

2) Approaching 방송 후

- 일반적으로 기장 착륙 안내방송 후에 객실 내의 Approaching Sign이 나면 방송담당자는 Approaching 방송 및 기타 안내방송을 실시한다. 이때 필요시, 경유지 공항 안내방송 및 연결편에 관련된 도착 안내방송도 실시한다.
- 착륙 전 준비는 이륙 준비와 동일하게 안전 점검을 실시하며, 전 승무원은 담당구역별로 비행 안전에 대비하여 다음과 같이 승객 좌석, 객실 및 갤리별로 정리정돈 및 착륙 준비 점검을 한다.

(1) 승객 좌석

- **승객의 착석 및 좌석 벨트 착용**
  이때 취침 중인 승객은 깨우고, 유리잔 등 서비스 Item을 회수한다. 비상시 유아는 따로 벨트를 착용하지 않고 보호자가 벨트를 맨 뒤 감싸안도록 한다. Baby Bassinet은 장탈하여 보관한다.
- 좌석 등받이, Tray Table, Monitor, Arm Rest, Foot Rest 등 정위치
- 승객 좌석 주변, Seat Pocket, 베개/담요 정리
- 승객 휴대 수하물 및 유동 물건의 고정
- 전자기기 사용 안내 및 확인

(2) 객실

- Headphone, 독서물, 잡지 등 객실에 비치된 서비스 물품 회수 및 정위치 보관
- 승객으로부터 보관을 의뢰받은 Coat 및 물품 반환
- 하기 시 도움이 필요한 승객(노약자, WCHR 승객), Special 승객 및 운송제한 승객의 착륙준비에 도움 제공

- 화장실 점검, 승객의 사용 여부, 각 Compartment Locking, 화장실 내부 비품 및 변기 덮개 고정(로션 등 화장실용품 회수)
- 비상구 주변 정리, Door Side 및 Aisle의 Clear
- 객실 내의 시설물 안전상태 및 유동물 점검(Overhead Bin 닫힘상태)

(3) Galley

- Galley 내의 탑재 물품, 모든 Compartment, Cart 등 유동물건의 닫힘/잠김 상태 확인(Locking & Latching)
- Galley 서비스용품 정리

  Liquor/Dry Item Inventory List, 기내 판매품 등의 서류 최종 확인

  – 기내에 탑재된 모든 주류 및 면세품을 Compartment에 넣고 Sealing & Locking(해당 Station)

    ▶ 면세품과 주류 카트(Liquor Cart)는 붉은색 실(Red Seal)을 하고 기타 용품에는 파란색 실(Blue Seal)로 봉인한다.

- 기타 하기 시 필요한 조치사항 점검 및 교대 팀에게 전달이 필요한 인수인계 준비내용의 기록, 전달
- Curtain 고정

2. 입항서류 준비

객실 사무장은 Cabin Log을 작성하고, 입항 준비 및 도착 국가에 따른 항공기 입항서류를 최종 작성 및 확인한다.

Cabin Log 작성

항공기의 탑재 근무 일지로서 객실승무원에 대한 비행시간, 비행 수당 및 체재비의 산출 근거가 된다. 또 비행 중 발생한 기내장비의 고장사항을 기록하는 일지로서 사무장이 기록한다. 어떠한 경우도 폐기되지 않도록 한다.

3. 착륙 전 최종 안전 점검

이륙 전과 마찬가지로 전 승무원은 담당구역별로 비행 안전에 대비하여 착륙 준비를 재확인해야 하며, 다음 사항을 최종 확인, 점검한다.

- 승객의 착석, 좌석 벨트 착용상태, 좌석 등받이 및 Tray Table 정위치, Arm Rest, Leg Rest 정위치 등(이때 취침 중인 승객은 깨운다.)
- 승객 휴대 수하물 및 유동물건의 고정
- Door Side 및 Aisle의 Clear상태
- 전자기기 사용 금지 안내 및 확인
- 객실 내의 시설물 안전상태 및 유동물 점검(Overhead Bin 닫힘상태)
- Galley 내의 탑재 물품 및 모든 Compartment, Cart 등 유동물건의 닫힘, 잠김 상태 확인, Curtain 고정
- 화장실 점검 및 승객의 사용 여부, 각 Compartment Locking, 화장실 내부 비품 및 변기 덮개 고정
- 객실 조명 조절

4. Landing Signal 후

1) 최종 점검

- 기장으로부터 Landing Signal이 오면, 객실승무원은 방송을 실시(방송 담당자)하고, 최종적인 객실, 갤리 및 화장실 안전 점검을 수행한다.
- 이 시점에서부터 Fasten Seat Belt Sign이 꺼질 때까지 승객이 좌석에서 이동하지 않고 착석을 유지하도록 한다.
- 객실 조명을 착륙에 대비하여 Dim상태로 조절한다.

2) 승무원 착석

- 안전 점검이 끝난 전 승무원은 승무원 좌석에 착석하여, 좌석 벨트와 Shoulder Harness를 착용한다.
- 착륙 시 '30 Seconds Review'를 실시한다.

착륙 후 업무절차

착륙 안내방송 실시

Boarding Music On

Slide Mode 변경

Door Open

지상 직원에게 서류 인계

승객 하기 안내 및 인사

기내 점검

지상 직원과의 인수인계

승무원 하기 및 Debriefing

입국 심사

도착 보고

도착 후 업무

1. Tax-in 중 업무

1) Farewell 방송

방송 담당자는 착륙 후 엔진의 역회전(Engine Reverse)이 끝난 시점에 Farewell 방송을 실시하고, 객실 사무장은 방송 직후 Boarding Music을 작동한다.

2) 승객 착석 유지

이때 객실승무원의 중요한 사항은 승객의 안전을 위해 Taxing 중에는 Fasten Seat Belt Sign이 꺼질 때까지 반드시 승객의 착석을 유지하도록 하는 업무이다.

필요시 객실 사무장은 Gate 진입 직전 'Taxing 중 승객 착석 요청' 방송을 실시한다.

안전 업무를 수행하지 않는 승무원은 Jump Seat에 승객과 동일하게 착석해 있어야 하며, 비행 안전 취약 단계 규정을 준수한다.

2. Safety Check 및 승객 하기

1) Safety Check 및 Door Open

- 항공기가 완전히 정지한 후 사무장의 Safety Check 방송에 따라 전 승무원은 Slide Mode를 정상 위치로 변경하고 상호 확인한 후 사무장에게 보고한다.
- Safety Check 후, 기내조명 System이 설치된 Station의 담당 Senior는 기내조명을 Full Bright로 조절한다.
- 승객 하기를 위해 Door를 열기 전 Slide Mode의 정상 위치 여부, 장애물 유무를 확인한다.

  사무장은 Fasten Seat Belt Sign이 Off 되었는지 확인한 후 항공기 외부 지상 직원에게 Door Open을 허가하는 수신호 Sign을 주어 지상 직원이 Door를 Open하도록 한다.

  ▶ 항공기 Door는 일부 기종 항공기 비상사태를 제외하고는 외부에서 지상 직원이 Open하는 것을 원칙으로 한다. 일부 기종(B737, F100)은 지상 직원과 Door Open Sign 상호 확인 후 객실승무원이 직접 Open한다.

- Door Open 후 사무장은 운송담당 직원에게 Ship Pouch를 인계하고, 특별 승객, 운송제한 승객 등 업무수행에 관한 필요사항을 전달한다.
- C.I.Q. 관계 직원에게 입항서류를 제출하고, 검역 또는 세관의 하기 허가가 필요한지 확인한다.

- 승객 하기는 공항 당국의 하기 허가를 득한 후 실시되어야 하며, 모든 절차가 끝난 후 사무장은 승객 하기 방송을 실시한다.

2) 승객 하기

- 승객 하기 때 승무원은 해당 클래스별, 각자의 담당구역별로 Jump Seat 주변에서 승객에게 하기인사를 하고 승객 하기가 순조롭게 진행되도록 협조한다.
  (사무장이 지정한 승무원은 탑승구에서, 기타 승무원은 착석 위치에서 하기 인사를 실시한다.)
- 승객 하기 때 승무원은 해당 클래스별, 구역별로 각자의 담당구역에서 승객에게 감사의 인사를 드리고 승객 하기가 순조롭게 진행되도록 협조한다.
  UM, 장애인 승객, 유아 동반 승객, 노약자 승객, 짐이 많은 승객 및 운송제한 승객 등 도움이 필요한 승객의 경우 수하물 정리를 도와드리고 하기에 협조한다.
- 그 밖에 TWOV 및 Deportee의 인수인계 및 Transit Station에서의 기내 대기 통과여객 수 확인 등에도 유의한다.

승객 하기 순서

- 응급환자
- VIP, CIP
  - 일등석 승객
  - 비즈니스석 승객
- U/M
- 일반석 승객
- 운송제한승객
- Stretcher 승객

3. 객실 점검

1) 객실 점검

- 승객 하기 완료 후, 객실, 화장실 등에 잔류 승객이 있는지 확인한다.

- 담당구역의 승객 좌석 주변, Seat Pocket, Overhead Bin, Coat Room, 화장실 등에 승객 유실물이 있는지 확인한다.
- 화장실 용품, Headphone, 잡지 등 기내용품을 재확인하여 전량 회수한다.
- 각각의 승무원은 담당구역별로 기내 보안 점검을 실시한다.
- 객실 사무장은 최종적으로 기내를 순시하여 이상 유무를 확인한다.
- 객실 설비에 이상이 있는 경우, 결함 내용과 위치를 구체적으로 기록하고 전달한다.
- 기타 Station별로 지정된 특이사항들을 점검한다.
- Slide Mode 위치(정상 위치)를 재확인한다.
- 지상 직원과의 인수인계가 필요한 Item을 인계한다.

2) 유실물 처리절차

(1) 비행 중 발견 시

- 유실물을 발견한 승무원은 객실 사무장에게 발견 장소, 시각, 내용 등을 보고한다.
- 객실 사무장은 유실물의 내용 및 형태를 기내방송을 통해 승객에게 개괄적으로 공지한다.
- 소유주가 나타날 경우 좀 더 구체적인 질문을 통하여 해당 승객의 소유임을 확인하고, 소유주가 나타나지 않을 경우 도착지 지상 직원에게 인계한다.

(2) 하기 후 발견 시

- 유실물을 발견한 승무원은 객실 사무장에게 보고하고, 유실물의 내용, 형태, 개수, 발견 장소, 인계 운송직원의 인적 사항 등을 Purser's Flight Report에 기재한다.
- 유실물을 도착지 운송직원에게 인계한다.
- 운송직원과의 Contact이 불가한 경우는 공항 출·도착지 해당 기관 혹은 사무소에 인계한다.

4. 인수인계

1) Layover/해외 Station의 경우

Layover 때 물품의 하기 및 탑재는 물품 List에 의거하여 승무원과 현지 지상 직원 사이에 실시한다.

Dry Item Inventory List를 현지의 Catering 담당자 또는 교대팀 승무원에게 전달하고, 특히 기판품의 상이 여부를 정확히 점검한다. 기용품은 탑재된 위치에 보관하고 하기하지 않도록 한다.

다음 비행 편의 예약 승객 수를 감안하여 부족한 서비스 물품은 현지 Catering 직원에게 주문한다.

- Layover 때 물품의 하기 및 재탑재는 물품 List에 의거하여 승무원과 현지 지상 직원 사이에 실시한다.
- 특히 기판품의 상이 여부를 정확히 점검한다.
- 부족한 서비스 물품은 현지 Catering 직원에게 주문한다.
- 기본 탑재 물품 및 주문품의 탑재를 확인한다.
- 기용품은 탑재된 위치에 보관하고 하기하지 않도록 한다.

2) 모기지(ICN, GMP) 도착 때

각 Duty 승무원은 각종 서류를 제출한다.

(1) 서비스 물품 인계

- 서비스 물품을 기내 지정된 위치 및 탑재원에게 최종적으로 인계한다.
- Liquor는 Liquor Cart 또는 Carrier Box에 넣어 Sealing하고 'Liquor Seal Number 인수인계서'를 작성하여 탑재원에게 인계한다.
- 기물은 서울 출발 때 탑재된 Cart 또는 Carrier Box에 보관한다.
- 기타 서비스용품은 미하기에 따른 중복 및 과잉 탑재를 방지하고, 각

Compartment 등에 장기간 방치된 서비스용품의 변질 및 손실을 방지하기 위하여 기내 비치용 기물을 제외한 모든 서비스용품을 Galley 선반 등 하기가 용이한 위치에 보관한다.

(2) 기판품 인계

기판 담당 승무원은 판매품 잔량을 기적 상황에 의거, 기판 담당 지상 직원에게 정확히 인계한다.

5. 승무원 하기 및 도착 후 업무

- 승무원은 하기 후 해당 공항의 입국 심사 절차를 거친다.
- 모기지 도착 후 업무
  - 사무장 도착보고
  - Debriefing 실시(항공기 하기 후 지정된 장소에서 비행 중 특이사항을 중심으로 객실 사무장에 보고)
  - 필요한 경우, Cabin Report 작성
- 면세품 판매의 대금을 입금, 판매일보 제출

Debriefing

승무 종료 후 사무장은 Debriefing을 주관하여 실시하며, 그 내용은 해당편 기내서비스 때 발생한 특이사항을 점검하고 제반 문제점에 대한 상호 의견교환 등을 통하여 좀 더 나은 다음편 서비스를 위한 준비사항을 주제로 하여 간략하게 실시한다.

Cabin Report

승무원은 비행 근무 중에 발생한 특이한 사항이나 업무 수행상 개선이 필요하다고 판단되는 다음과 같은 사항에 대해서 Report할 수 있다. 특히 비행 중 비정상 상황 발생 때의 상황 문제 및 조치사항 등을 정확하게 작성, 보고하며 상용 고객의 상세한 기록 관리를 통해 항공사의 이미지 제고를 도모할 수 있다.

- 서비스 개선을 위한 제언 및 건의 사항
- 승객의 불평 및 기내서비스 중 문제 발생 시 보고
- Irregular한 항공기 운항 보고 및 비상사태 등 비정상적인 사건 발생 시
- 해외 체재 중 발병 및 치료 시
- 지원 업무 관련사항

◗ 국제선 장거리 서비스절차에 따른 객실 및 갤리 업무

객실서비스 절차	객실 세부 업무내용	갤리 업무
이륙 후 Fasten Seat Belt Sign Off	· 좌석 벨트 상시착용 안내 · Air Show 상영	· 서비스 복장 준비 · 갤리 브리핑 · Towel, Entree Heating(Heating 시점은 탑승객 수, 기종에 따라 조절) · Liquor Cart Setting
*1차 기내식 서비스	· 기내 조명 조절	· 필요시 Headphone/Menu Book 준비 · Entree Heating상태 점검
Towel 서비스		· Wine Open
Aperitif 서비스	· Refill 서비스 · 갤리담당은 음료컵 회수	· Entree Setting(특별식 점검) · Meal Cart 상단 Setting
Meal Tray 서비스		· Meal Cart 정리 후 보관 · Hot Bev. 준비
Water/Wine Refill		· Meal 회수용 Cart 준비
Hot Beverage 서비스	· Refill 서비스	· Hot Bev.용 Pot 및 기타 서비스용품 정리
Meal Tray 회수		
Aisle Cleaning /화장실 점검		· 갤리 정리정돈 · 2차 Entree 및 음료 Tray 준비 · 2차 서비스음료 Chilling
입국서류 배포	· 입국서류 배포 및 작성협조 · 면세품 판매방송	· 기내판매 준비
면세품 판매	· 판매 및 Delivery · 음료서비스	

승객휴식(영화 상영)	· 기내 조명 조절 · 승객 Care/Walk Around (음료, 간식 서비스) · 객실쾌적성 유지 · 객실 및 화장실 점검	· Dry Item, Liquor Item Inventory
2차 기내식 서비스 준비		· 2차 Meal SVC 준비 · Entree 해동, Oven Setting 및 Heating · 1차 Meal Cart와 2차 Meal Cart 교체 · Tray Basis 음료 준비
* 2차 기내식 서비스 Towel 서비스	· 기내 조명 조절	· Towel 준비 · Coffee Brewing · 2차 음료 Cart Set-Up
음료서비스	· Refill 서비스	· Meal SVC Cart 준비 (Entree Setting, 빵 Warming)
Meal Tray 서비스 물, Hot Bev. 서비스 Meal Tray 회수		· Hot 서비스 음료, 서비스 준비 · Galley 정리정돈
입국서류 재확인	· 입국서류 작성 재확인	· Inventory 서류 작성 마무리
기장 방송	· Headphone 회수	· Headphone 수거 준비
Approaching Sign	· 착륙 안전 점검 · 기내도서, 잡지 회수 · 착륙 준비	· Galley 정리정돈 · Liquor Cart Sealing · Galley Comp't Locking상태 점검
Landing Signal 후	· 최종 점검 · 승무원 착석 · 기내 조명 조절	· 객실 최종 안전 점검
착륙 후 Tax-in 중	· Farewell 방송 · 승객착석 유지 · Safety Check/Door Open	
승객 하기	· 기내 조명 조절 · 유실물 점검	· 도착지별 세관규정에 의거 재확인 (미국 도착 시 과일류는 갤리 선반 위에)
승무원 하기		· 기물, Liquor Cart 인계

객실승무원은 장거리 비행근무, 해외체재 등 팀원과 생활하는 시간이 가족과의 시간보다 많다. 이러한 특성으로 인해 직장에서의 원만한 인간관계는 업무수행에 있어 매우 중요한 필수요소이다.

• 팀원(동료)과의 관계

- 팀제로 운영되는 경우 한 개인으로서 업무를 수행하는 것이 아니며 팀 전체의 팀원이 하나의 팀워크를 이루어 공동 목표를 달성하기 위해 노력해야 한다.
  그러므로 상호 간 인간적 유대감을 형성하고 함께 일하는 팀워크가 중요하다.
- 팀원 개개인으로서는 성취하기 불가능한 업무도 팀워크로 해결 가능한 경우가 많다.
- 팀의 일원으로서 효과적으로 일하기 위해, 팀워크의 가치를 알아야 하고, 다른 팀원의 입장에서 생각하고 행동하는 것이 바람직하다.
- 팀원 간에는 상호 존칭어를 사용하도록 한다.
- 경쟁관계가 아닌 협력자의 관계임을 인식한다.
- 각자의 경험과 개성을 존중해 주며, 서로 지닌 지식과 정보를 공유할 수 있는 조력자의 관계를 유지하도록 한다.

• 선배와의 관계

- 직장생활을 오래 한 상사와 선배는 조력자이자 지도자로 선임자의 지도에 고마움을 표시한다.
- 상사의 업무지시, 명령 등은 업무목표를 달성하기 위한 행위이며, 업무 중 착오가 생기더라도 책임을 지는 것은 상사임을 인식한다.
- 상사와 선배에게는 존경의 마음으로 항상 공손한 자세와 말씨로 대해야 한다.
- 상사에게 동료의 험담을 해서는 안된다.
- 상사에게 문젯거리를 남기기보다 창의적인 해결책을 제안하는 것이 좋다.
- 상사는 변명 듣기를 좋아하지 않는다.
- 자기의 직분을 다해야 한다.
- 명쾌하게 직설적으로 말하라.
- 업무 명령에는 "네"라고 대답하라.
- 이미 결정된 일에 대해서는 묻지 마라.
- 직급에 따른 적절한 호칭을 사용하라.
- 힘든 일은 솔선수범함으로써 신입다운 의욕적인 면과 신선함을 발휘한다.

• 후배와의 인간관계

- 권위의식을 버리고 공동체의식으로 팀원과 화합하려는 자세가 필요하다.
- 리더는 혼자 뛰는 것이 아니라 함께 뛰는 사람임을 명심한다.
- 명령보다 제의하거나 의뢰하라.
- 남 앞에서는 질책을 삼가고 그전에 사정을 들어보는 것이 좋다.
- 사람을 신나게 일하게 하는 것은 질책보다 좋은 행위를 칭찬하는 것이다.
- 선배는 후배에게 도움을 주는 사람이어야 한다.
- 후배의 개선안을 환영하라.
- 후배와의 약속은 철저히 지켜라.

• 현지여승무원(R/S) 승무원과의 관계
- 외국인 승무원의 경우, 우리나라의 문화와 회사 조직에 익숙지 않은 점을 이해하고 적응할 수 있도록 협조한다. 동시에 그들의 문화와 습관을 존중하고 상호 문화교류에 적극적인 자세로 임한다.
- 언어소통의 불편함을 이유로 업무에서 소외시키기보다 함께 참여하는 공동업무를 통해 배울 수 있도록 유도한다.
- 기내에서 사용되는 용어들을 중심으로 원활한 커뮤니케이션을 위해 노력한다.

• 사내 및 대외 관련부서 직원과의 관계
객실승무원이 기내에서 승객을 맞이하기까지 예약, 발권, 운송, 정비, 운항 등 많은 사내 부서의 내부적인 연계 서비스가 바탕을 이루고 있다.
또한 항공기 운항을 위해서는 공공기관, 지상조업사, 용역회사, 타 항공사 등 대외부서의 협력이 따르게 된다. 그러므로 업무처리 시 서로의 책임을 전가하는 관계가 아닌 상호 간 협조 속에서 모두 회사의 한가족이라는 연대의식이 필요하다.
- 사내 관련부서 직원에게는 밝은 미소, 적극적인 태도로 항상 먼저 인사하며 직책명을 불러 호칭한다.
- 업무협조를 요청할 때는 "저, 죄송합니다만", "잘 부탁드립니다", "~해주시면 감사하겠습니다", "바쁘지 않으시면, 이것 좀 도와주시겠습니까?", "감사합니다" 등의 인사말을 곁들여 부탁한다.

국내선 객실업무 절차 및 기준

✈ 국내선 객실업무 절차 및 기준

비행 준비 업무
Show-up
용모·복장 점검
객실 브리핑 준비
객실 브리핑
합동 브리핑

이륙 전 업무
Pre-flight Check
탑승 인사
신문 서비스
좌석 안내 및 휴대 수하물 보관 안내
Door Close & Safety Check
Welcome 방송
Safety Demonstration
이륙 준비

이륙 후 업무
음료 서비스
Giveaway 서비스
Walk Around

착륙 전 업무

승객 착륙 준비 점검

객실, 갤리, 화장실 점검

객실 조명 조절

착륙 후 업무

도착 안내 방송

Safety Check & Door Open

하기 안내 및 Farewell 인사

기내 점검

도착 보고

1. 비행 준비

객실승무원이 항공기에 탑승하기 전에 수행해야 할 모든 준비 업무로서 출근에서부터 Show-up, 브리핑 준비, 객실 브리핑, 운항 브리핑 등의 절차를 의미한다.

1) 출근

교통 혼잡 등을 고려하여 충분한 시간을 가지고 출근해야 한다. 출근 때 유니폼을 착용할 경우 규정에 맞는 Make-up과 Hair-do를 갖추어야 하며, 사복을 입을 경우에는 정장 차림을 해야 한다.

2) Briefing 준비

- 최근 업무 지시, 서비스 정보 등 공고사항, 기타 해당편 특이사항을 확인한다.
- 개인 Mail Box를 점검한다.
- 비행 근무 필수 휴대품을 점검한다.

■ **필수 휴대품**

- 여권 및 직원 신분증(I.D Card)
- 업무 수행에 필요한 지급품(Apron, 기내화 등)
- 객실승무원 업무 규정집, 방송문, Flight Diary, 그 외 회사에서 지정한 업무 관련 비행 휴대품
- 국제선, 국내선 Time Table
- 기타 개인 휴대로 지정된 물품(메모지, 손전등, 향수 등)
- Head Counter(사무장)

2. 용모·복장 점검(Appearance Check)

Show-up 전 담당 선임 승무원으로부터 용모·복장 및 휴대품에 대한 점검을 받는다.

3. Show-up

Show-up이란 객실승무원이 비행 근무를 위해 근무 준비를 완료하고 Show-up List에 서명하는 것을 말하며, Show-up List를 통해 항공편명, 항공기종, 승무원 명단, 비행 일정 등을 파악한다. 항공사별로 그 방식이 상이하며 생략되기도 한다.

4. 객실 브리핑

Show-up 후 정해진 시간에 지정된 Briefing Room에서 실시되는 객실 브리핑에 참석하며, 이때 비행 근무에 필요한 휴대품을 완비한 상태여야만 한다.

- ■ Briefing 내용
  - 승무원 소개
  - 비행 일정
  - Duty 할당
    - ▶ 국내선 탑승 승무원의 임무는 직급에 따라 선임 순으로 할당하는 것을 원칙으로 하되, 당일 비행의 특성 및 승무원의 구성에 따라 사무장의 권한에 한해 적절히 변경하여 할당할 수 있다.
  - 항공기 및 승객 관련 정보 전달(VIP/CIP 및 운송 제한 승객 관련 사항 포함)
  - 해당편 특이사항
  - 비행 안전 및 보안 관련 내용 주지
  - 서비스 절차 및 신규 서비스 내용 전달
  - 최근 업무 지시 내용 숙지 확인
  - 휴대품 준비상태 확인

5. 보안 검색

I.D 카드를 패용하고 항공기에 반입할 수 없는 물건의 소지 여부를 점검하는 X-Ray 검사대를 통과한다.

6. 합동 브리핑

객실승무원은 객실 브리핑이 끝난 후 항공사별로 정해진 시간과 장소에서 실시되는 운항 승무원과의 합동 브리핑에 참석한다.

1. Pre-flight Check

원칙적으로 국제선 비행과 동일한 요령으로 비행 전 안전 점검 및 객실 점검을 실시한다.

1) 비상 보안장비 위치 및 상태

- 소화기, O.Bottle, Flash Light, P.B.E, Door 및 Slide Mode, P.A / Interphone, Smoke Detector, Megaphone 등의 위치 및 상태 점검
- 기타 안전장비 점검 및 유해물질의 탑재 여부 점검
- 필요시 Safety Demonstration 용구 준비

2) 승객 좌석 및 주변 점검

- 좌석 밑 Life Vest 정위치
- Call Button, Reading Light, Air Ventilation 작동상태
- Tray Table 고정상태
- Head Rest Cover 등 좌석 주변 청결상태
- Seat Pocket 내용물(기내지, 구토대, Instruction Card 등) 확인

3) 객실 점검

- Curtain/Coatroom/Aisle 청결상태
- 화장실 청결 및 작동 상태
  - Flushing, Water Faucet, Call Button, Smoke Detector 등
- Boarding Music Volume, 방송 작동상태, 객실 조명, 온도 조절장치 등 Station Panel 점검

4) 갤리 점검

- 각 Compartment 청결 및 정돈 상태
- Coffee Maker / Water Boiler 작동상태 및 Air Bleeding

5) 기물, 음료 등 서비스용품의 위치, 수량 및 상태 점검

- 기물 : Coffee Pot, Muddler Shelf, Basket 등
- 기내 음료 : Coffee, Orange Juice, Coke, 생수, 녹차 등
- 서비스용품 : Cocktail Napkin, Cart Mat, Paper Cup, Cup Lid, Muddler, Straw, Cream & Sugar, Service Tag, Tray Mat, Plastic Bag, Time Table, Giveaway 등

6) 신문 서비스 준비

- 항공사별로 상이하나 일반적으로 한글 신문은 제호가 보이도록 Cart 상단에 Setting하며, 영자 신문은 Cart 중단에 Setting한다.
- 신문 카트 수는 탑승구 수에 따라 1대 또는 2대를 준비하며, 나중에 탑승하는 승객을 고려하여 신문의 양을 안배한다.
- 신문 Cart를 항공기 밖 Bridge 접속 부분 또는 Step Car 상단에 비치한다. (단 Step Car를 이용하여 탑승하는 경우 악천후 때에는 기내에 비치하거나 승객이 90% 정도 탑승 때 Cart를 이용하여 서비스한다.)

7) 승객 탑승 준비

객실, 화장실의 청결상태를 최종 점검하고 Boarding Music을 준비한다.

2. 승객 탑승

1) 환영 인사

탑승구에서는 탑승구 수에 따라 1명 또는 2명이 환영 인사를 실시하며, 객실

내에 있는 승무원은 각자의 담당구역에서 유연성 있게 이동하며 실시한다.

2) Head Counting

안전운항의 도모 및 승객 미탑승 사례 방지를 위해 탑승구 사용 수에 따라 1명 또는 2명의 승무원이 실시하며, 이로 인해 승객 탑승에 불편을 주거나 불쾌감을 유발하지 않도록 유의한다.

3) 좌석 안내

- 환영 인사와 함께 탑승권을 확인하여 좌석을 안내하며, 특히 노약자, 환자, 어린이, 유아 동반 승객 등 도움이 필요한 승객에 유의한다.
- 담당구역에 위치한 승무원은 승객 탑승이 원활히 진행될 수 있도록 적극적으로 이동하면서 좌석을 안내한다.

4) 휴대 수하물 정리정돈

기내 반입한 수하물은 비행 안전에 유의하여 Overhead Bin, 승객 좌석 밑 등 지정된 보관장소에 수하물 보관요령에 의거하여 보관하도록 안내한다.

5) 신문 서비스

승객이 탑승 시 항공기 탑승구 입구에서 직접 가지고 갈 수 있도록 안내하고, 승객 탑승이 끝난 후 잔여분은 추후 계속적으로 서비스한다.

3. Door Close 및 Safety Check

1) Ship Pouch 인수 및 Door Close

(1) Ship Pouch 인수

지상 직원으로부터 Ship Pouch를 인수받아 내용물을 확인한다.

(2) 탑승완료 보고

사무장은 Head Counting한 탑승객 수를 지상 직원 서류와 대조하여 탑승객 수, 특이사항 등 이상 유무를 확인 후 기장에게 보고하고 항공기 Door를 Close하기 위한 기장의 동의를 확인한다.

(3) Door Close

- 사무장은 지상 직원의 기내 잔류 여부를 확인한 후 Door Close한다.
- Door Close 후 다시 Open해야 하는 경우는 기장에게 연락하고 Slide Mode를 확인한 후 항공기 외부에서 지상 직원이 Open한다.
- 지상 직원에 의한 Door Open이 불가할 경우 또는 소형 기종일 경우는 사무장이 Open한다.

2) Safety Check

Door Close 직후 사무장이 Safety Check 방송을 실시한다. 기타 승무원은 사무장의 방송에 맞추어 Slide Mode 위치를 변경한 후 이륙을 위한 다음의 비행 안전 관련 업무를 수행한 후, 사무장에게 최종 보고한다.

- 좌석 벨트 착용상태 확인
- 좌석 등받이, Table 및 Armrest 원위치
- 승객 휴대 수하물 및 기타 유동물질 고정
- 야간비행일 경우 독서하는 승객의 Reading Light On
- Door Side 및 Aisle Clear 상태 확인

4. Welcome 방송 및 인사

Safety Check 결과보고 후 방송담당 승무원이 방송을 실시하면 전 승무원은 담당구역의 승객들에게 인사를 실시한다.

5. Safety Demonstration

Welcome 방송에 이어 항공기가 Push Back한 직후 객실승무원은 비행 안전 및 비상시에 대비한 구명복 및 산소마스크의 사용법을 Film을 상영하거나 실연으로 직접 시범을 보이는 Safety Demonstration을 실시한다.

1) Safety Demonstration Film 상영

항공기에 장착된 Video Projector를 이용하여 Film을 상영하기도 하며 장비가 설치되어 있지 않거나 상태가 불량한 경우는 방송 담당 승무원이 육성으로 방송을 실시하고, 전 승무원이 비상구 좌석 주변에서 직접 Safety Demonstration을 실연한다. 이는 항공 규정에 의한 항공사의 의무 규정이다.

2) 노선별 Safety Demonstration 실연

(1) 실시 내용

비행 중 발생할 수 있는 비상사태에 대비하여 승객에게 구명장비의 위치와 사용법을 설명한다. 실시 내용은 다음과 같다.

- 좌석 벨트 사용법
- 비상 탈출구 위치
- 구명복 위치 및 사용법
- 산소마스크 위치 및 사용법
- 금연
- 전자기기 사용 금지 안내

(2) 실시 요령

지정된 위치에서 내용이 확실히 전달될 수 있도록 정확하고 절도 있는 동작으로 실시한다. Demonstration이 끝난 후 여승무원은 Life Vest를 착용한 채로 담당구역별로 Aisle을 통과하며, 비행 안전에 대비, 전 승객의 벨트 착용을 확인한다.

6. 이륙 안전 최종 점검

항공기 이륙 전 전 객실승무원은 비행 안전에 대비하여 비행 안전에 관한 사항을 철저히 재점검한 후 지정된 Jump Seat에 착석한다.

1) 담당 Zone 승객의 이륙 준비 재확인

2) Galley 점검

- Serving Cart, 탑재 물품 등 유동물건 고정
- 각 Compartment Locking상태 확인

3) 화장실 점검

- 승객 유무 확인
- Compartment Locking 및 변기 덮개 고정

4) 조명 조절

사무장은 전 Cabin 이륙 준비상태를 순회 점검하고 Light를 Full Bright에서 Dim으로 조절한다.

1. 음료서비스 준비

각 담당 승무원은 Fasten Seat Belt Sign이 꺼지고 난 후 음료서비스를 준비한다.

▶ 국내선 서비스 내용은 항공사별로 상이하나, 일반적으로 음료가 제공되며, 조조편에 간단한 간식서비스가 있다.

● 커피를 Brew하고 커피의 온도 및 농도 적정 여부를 확인한다.
● 커피와 녹차 서비스용 물은 반드시 뜨거운 상태로, Coke, Orange Juice 및 생수는 차가운 상태로 준비한다.
● Cart(Serving Cart 혹은 Full Cart) 상단에는 서비스할 음료, 중단에는 여분의 음료를 준비한다. 조조편에 간식서비스가 있을 경우 간식을 Setting한다.

▶ 음료 Cart를 준비하는 동안 나머지 승무원은 Aisle에서 Walk Around하며 신문을 재서비스하거나 승객 요구사항에 응대하며 객실 내의 승무원 공백현상을 방지한다.

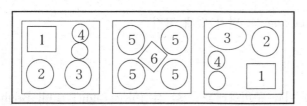

1. Cocktail Napkin
2. Coffee Pot
3. Hot Water Pot(녹차 서비스 때)
4. Paper Cup
5. 음료
6. Mudder Shelf

2. 음료서비스

사무장은 음료서비스 직전 객실 조명을 밝게 조절한다. 단 야간비행이거나 다수의 승객이 취침 중일 경우 사무장의 재량에 따라 적절히 조절한다.

다음 사항에 유의하여 구역별로 음료서비스를 실시한다.

- 항상 밝은 표정과 명랑한 태도로 서비스 기본원칙에 의거하여 음료를 제공한다.
- 서비스 전 반드시 승객의 Tray Table을 편 후, Napkin을 깔아드리고 음료를 제공한다.
- 생수, Coke, Orange Juice 등의 음료는 반드시 차가운 상태로 제공한다. 오렌지주스를 서비스하는 경우 다른 종류의 제품을 섞어서 제공하지 않도록 유의한다.
- 커피를 주문받았을 경우 설탕, 크림의 사용 여부를 확인한 후 제공한다. 녹차 등 티백(Tea Bag)을 서비스할 경우 승객이 사용한 티백 담을 용기를 별도로 드린다.
- 음료서비스 시(특히 뜨거운 음료) 반드시 승객에게 주의를 환기시키며 제공하도록 한다.
- 승객에게 음료를 쏟은 경우 먼저 사과와 함께 필요한 조치를 취한 후 필요할 때에는 사무장에게 보고하여 Cleaning Coupon 발급 등의 후속적인 조치를 취하도록 한다.
- 취침 승객, 이석 승객에게는 나중에 서비스를 받을 수 있도록 승객의 전면 Seat Back에 Service Tag을 부착하며, Approaching Sign On 때 반드시 음료를 권유한 후 제거하도록 한다.
- 음료를 서비스한 후 적극적으로 Refill한다.
- 서비스된 물품 및 Used Cup을 철저히 회수하여 객실 청결 유지 및 승객 편의를 도모한다.

3. Walk Around

음료서비스 후 객실을 순회하면서 다음과 같이 서비스한다.

- Seat Pocket 내의 Used Cup 회수 등 승객 좌석 주변, 갤리, 화장실 등의 청결을 유지한다.
- 신문을 서비스하지 못한 승객에게는 다 보신 승객의 신문을 가져다 권해 드린다.
- 책이나 신문을 보시는 승객에게는 객실 조명을 감안하여 독서등을 켜드린다.
- Aisle을 통과할 때에는 승객과 부딪치지 않도록 유의하고, Aisle에서 승객과 마주칠 때에는 가벼운 미소를 띠고 길을 양보한다.
- 승객과 대화할 때에는 일상적인 내용으로 하며, 특정 승객에게 오랜 시간을 할애하지 않도록 한다.
- 어린이, 노약자에게는 세심한 Care를 하며, 탑재된 경우 어린이에게 Give-away를 제공하도록 한다.
- 몸이 불편하거나 도움이 필요한 운송제한 승객에게는 지속적인 관심을 가지고 불편한 사항이 없는지 수시로 확인한다.

제4절　착륙 전 업무

착륙 준비 업무는 항공기 착륙을 위해 실시해야 하는 승객 안전을 위한 점검을 말하며, 국제선의 착륙 준비와 동일하다.

1. 담당구역 승객 착륙 준비 확인

- 좌석 벨트 착용상태 확인
- 좌석 등받이, Table 및 Armrest 원위치
- Overhead Bin Locking상태 확인 및 기타 유동물질 고정
- Door Side 및 Aisle Clear상태 확인
- 보관 의뢰물품 반환

2. Galley 점검

각 Compartment Locking상태 확인 및 Serving Cart 등 탑재 유동물품 고정

3. 화장실 점검

승객 유무 확인 및 Compartment Locking, 변기 덮개 고정

4. 조명 조절

사무장은 전 Cabin 착륙 준비상태를 순회, 점검하고 객실 조명을 Full Bright에서 Dim으로 조절한다.

항공기 착륙 후 Taxing부터 승객 하기 후 유실물 점검 및 기내 점검에 이르는 절차는 국제선 착륙 준비와 동일하다.

1. Taxing 중 업무

- Farewell 방송 실시
  항공기 Engine Reverse 후 방송 담당 승무원이 실시한다.
- Boarding Music On
- 승객의 착석 유지

2. Safety Check

항공기가 완전히 정지된 후 사무장이 Safety Check 방송을 실시하며, 기타 승무원은 Slide Mode를 변경하고 Safety Check 후 사무장에게 보고한다. 사무장은 보고를 받은 뒤 객실 조명을 Full Bright로 조절한다.

3. Door Open 및 승객 하기

1) Door Open

사무장은 Fasten Seat Belt Sign이 꺼진 후 항공기 밖 지상 직원에게 Door Open 허가 Sign을 주어 지상 직원이 Door를 Open하도록 한다. (일부 기종은 사무장이 Open한다.)

2) Farewell 인사

Door Open 후 사무장이 지정한 승무원은 탑승구에서, 기타 승무원은 착석 위치에서 하기 인사를 실시한다. 노약자 및 유아 동반 승객은 Step Car 하단까지 하기를 돕는다.

승객 하기 순서

- 응급환자
- VIP/CIP
- U/M
- 일반석 승객
- 운송제한승객
- Stretcher 및 Wheel Chair 승객

4. 기내 점검

전 승무원은 승객 하기 완료 후 담당구역별로 다음 사항을 점검한다.

- 객실 내의 잔류 승객 확인
- Overhead Bin Open 및 유실물 Check
- Slide Mode 정상 위치 확인
- Cabin Squawks 사항 및 Logging
- Galley 및 Lavatory 최종 확인

5. 도착 후 업무

- 탑승 승무원 변동, 객실설비, 장비 이상 등 Log 변경 기입
- 보고서 및 기타 서류 제출
- Irregularity 발생 및 업무 개선 등에 관한 Cabin Report 작성 등

일상 객실 안전업무

일상적인 안전업무는 객실승무원이 승객과 승무원의 안전을 위하여 평상시 수행하는 제반 안전업무를 뜻한다.

실제로 항공기 사고는 예기치 않은 비상사태로 인한 사고보다는 평상시 안전업무를 소홀히 함으로써 발생되는 경우가 더 많다. 특히 비행 중 작은 사고는 적절하고 신속하게 대처하지 않으면 엄청난 인명피해의 결과를 초래한다는 점에서 일상안전업무는 매우 중요하다. 그러므로 객실승무원은 비행근무 중 안전규정 및 지침사항을 항상 숙지하고 준수해야 한다.

1. 객실 점검

- 객실승무원은 각자의 근무위치를 유지하며, 비행근무 중 각 담당구역을 중심으로 비상구 주변상황, 갤리, 화장실 등 객실 전체를 주기적으로 점검하며 근무에 임한다.
- 비행 중 항상 객실 내 유동물질을 점검한다. 서비스 중 Cart를 방치한 채로 승객 좌석을 벗어나서는 안되며, 사용하지 않는 Cart, 고정장치가 없거나 정위치에 있지 않는 Cart는 보관장소에 보관한다.
- 비행 중 객실 내부에서 냄새나 연기 등이 감지되는지를 항상 주의 깊게 관찰하여 기내에서 발생 가능한 화재를 미리 예방한다.

2. 안전 및 보안 점검

- 해당 항공기에 탑재된 비상/보안장비의 위치 및 취급요령을 항상 숙지한다.
- 비행 중 조종실 출입구 주변의 보안을 유지하도록 한다.
  원칙적으로 비행 중 조종실의 출입은 해당편 임무수행 중인 승무원 및 조종실 출입이 허용된 사람만 가능하며, 규정에 의한 조종석 출입절차에 따라 출입문이 개방된다.
- 객실승무원은 비행 중 불법적인 승객의 기내업무 방해행위나 위협으로부터 항공기 안전을 확보하기 위해 항상 항공보안업무에 철저히 임해야 한다.

3. 승객의 비행 중 안전사항 준수 안내

다음 사항들은 승객의 안전하고 쾌적한 항공여행을 위해서 필수적으로 준수해야 할 안전사항들이므로 승객들의 적극 협조가 이루어지도록 해야 한다.

1) 금연수칙 준수

- 모든 항공기 내에서의 흡연은 항공안전 및 보안에 관한 법률로 금지되어 처벌받을 수 있다. 따라서 객실 내에서는 흡연이 절대 금지되므로 준수해야 한다.
- 특히 비행 전 구간 금연으로 운항되는 장거리 비행 중, 항공기가 지상에 있는 동안, 이착륙 시, 객실의 화장실 내부 등의 장소에서 흡연하는 승객이 없도록 주의해야 한다.

2) 안전 벨트 착용

- 항공기의 이착륙 시 또는 비행 중 객실 내 표시판에 좌석 벨트 표시등(Fasten Seat Belt Sign)이 켜졌을 경우, 승객은 반드시 좌석 벨트를 착용해야 한다.
- 갑작스런 기류 변화로 인한 기체의 요동(Turbulence)에 대비하여 착석 중에는 가볍게 벨트를 매고 있는 것이 바람직하다.

3) 휴대 수하물 보관

- 객실 내 제한된 공간에서 선반 위의 휴대 수하물 관리 등 안전수칙을 준수해야 한다. 승객의 휴대 수하물은 항공사에서 안내하는 지정된 크기와 무게를 초과하지 않도록 하며 비상시에 대비하여 제한 통로 및 비상구 근처에 수하물을 두어서는 안된다. 그 외 기내에 반입이 불가하거나 운송이 불가, 제한되는 물품에 유의한다.
- 승객의 안전을 위해 가벼운 물건은 선반 위에 보관하도록 하나 딱딱한 가방이나 무거운 물건, 깨지기 쉬운 물건은 좌석 밑에 보관해야 한다. 또한 선반에서 떨어지는 물건에 의해 발생하는 부상을 방지하기 위해 선반을 열고 닫을 때 항상 주의해야 한다.

4) 비상용 장비 숙지

- 승객은 이륙 전에 상영되는 Safety Demonstration의 내용을 주의 깊게 익혀둔다. 만일의 비상사태에 대비하여 구비된 비상용 장비의 위치 및 사용법들을 사전에 숙지하고 본인 좌석에서 가까운 비상구의 위치를 파악하도록 한다.
- 항공기가 완전히 고도를 잡은 후에 승객이 안전해진다는 점을 인지하고, 항공기 사고율이 높은 이착륙 시는 외부상황을 주시하고 만일의 경우에 대비하여 비상구 위치를 익혀둔다.
- 비행 중 비상구 Door Handle을 작동하지 않도록 한다.
- 비행 중 기내에 이상한 냄새, 소음, 외부 상황이 의심스러울 경우 승무원에게 알리도록 한다.

5) 기타 유의사항

항공기 객실은 매우 협소한 공간이므로 안전운항을 위해 승객이 지켜야 할 규정 외에도 다음과 같은 기본 에티켓이 필요하다.

(1) 좌석 주변

- 좌석의 등받이와 식사용 테이블 사용에 유의한다.

- 좌석 등받이는 항공기 이착륙 시 및 기내 식사 시는 원위치하도록 한다.
- 신발이나 양말을 벗고 통로를 다니는 경우 실례가 되는 행동이다.
- 장거리 비행의 경우 다른 승객의 휴식에 방해가 되지 않도록 한다.
- 기내에서 승무원의 도움이 필요한 경우 호출버튼을 이용한다.
- 항공기가 목적지에 착륙하게 되면 승무원의 별도 하기 안내가 있을 때까지 착석을 유지하도록 한다. 항공기의 이동 중 선반을 열다가 수하물이 선반 위에서 낙하하는 등 예상치 않은 일이 발생할 수도 있기 때문이다.

(2) 식사 시

- 무분별한 과다 음주 승객은 대다수 승객의 쾌적한 여행을 저해할 뿐만 아니라 예기치 못한 사고를 유발할 우려가 있는 등 객실 안전에 위협적인 요인이 될 수 있으므로 승객의 상태를 수시로 확인하고 알코올을 다량 섭취한 승객에 대하여 적절한 통제를 해야 한다.
- 쾌적한 기내환경을 위해 기내에서 제공되는 식사 외에 외부의 음식을 준비하는 일이 없도록 한다.

(3) 화장실 사용 시

- 안전 벨트 착용 표시등이 켜져 있는 동안 화장실 사용은 금지되어 있다.
- 화장실 내에서 금연을 준수한다.
- 화장실 사용은 다른 승객에게 불편을 끼치지 않도록 청결히 한다.

Airline Cabin Service

부록

기내대화 예문

1. 서비스 절차별 기내대화

1) On the Ground(승객 탑승 – 이륙 전)

(1) 승객 탑승 시

● 안녕하십니까? 어서 오십시오. 탑승권을 보여주시겠습니까? 손님 좌석은 뒤쪽(이쪽, 저쪽)입니다.
● 어서 오십시오. 좌석을 안내해 드리겠습니다. 이쪽으로 들어가십시오.
● 안녕하십니까? 탑승을 진심으로 환영합니다. 손님 좌석은 건너편 안쪽입니다. 조금만 들어가시면 다른 승무원이 안내해 드릴 겁니다.

> **통과여객 탑승 시**
> a. 안녕하십니까? 기다리시느라 지루하지는 않으셨습니까? 저희 승무원들은 이곳에서 모두 교대하였습니다.
> b. 어서 오십시오. 오랫동안 기다리셨습니다. 공항은 좀 둘러보셨습니까?
> c. 어서 오십시오. ○○공항 구경은 어떠셨습니까?

(2) 좌석 안내 시

● 제가 좌석까지 안내해 드리겠습니다. 손님 좌석은 왼쪽 창가입니다.

즐거운 여행 되십시오.

- 탑승권을 보여주시겠습니까? 이쪽으로 오시겠습니까? 네, 여기가 손님 좌석입니다. 편안하게 여행하십시오.

유모차를 끌고 오시는 승객

a. 어서 오십시오. 아기가 참 예쁘군요.
아이를 잠시 안아주시면 유모차를 정리해 드리겠습니다. 유모차는 이쪽에 보관하겠습니다. 혹시 비행 중 필요하신 것이 있으시면 담당승무원인 저를 불러주십시오(제게 말씀해 주십시오).

b. 안녕하십니까? 어서 오십시오. 짐은 제가 들어드리겠습니다. 손님 좌석은 이쪽입니다. 유아용 요람이 준비되어 있으니 필요하시면 말씀해 주십시오(안전을 위해 이륙 후 장착해 드리겠습니다).

c. 제가 좌석까지 모셔다 드리겠습니다. 좌석은 이쪽입니다. 가방은 제가 위에 올려드리겠습니다. 유모차는 접어서 이 뒤쪽 공간에 놓아드리겠습니다.

d. 안녕하십니까? 손님, 혹시 특별식을 신청하셨습니까? 제가 확인해 보겠습니다.

술병이나 무거운 짐을 선반 위에 올리고 있는 승객

a. 손님, 죄송합니다만, 안전을 위해 술병은 좌석 밑에 보관해 주시겠습니까? 감사합니다.

b. 손님, 깨지기 쉬운 술병은 좌석 밑에 보관해 주시겠습니까? 안쪽으로 밀어 넣으시면 발 뻗으시는 데 불편함이 없으실 겁니다.

c. 손님, 죄송합니다만 선반에 보관하기에는 짐이 너무 무거워 보입니다. 다른 곳에 보관할 장소가 있는지 제가 한번 알아보겠습니다.
이쪽에 두시겠습니까? 감사합니다.

여분이 없는 신문을 찾는 경우

a. 손님, 죄송합니다만, 마침 ○○일보가 전부 서비스되었습니다. 대신 ○○○신문은 어떠십니까?

b. 죄송합니다만, 제가 잠시 후에 다른 손님이 다 보신 △△신문을 구해 드리겠습니다. 그동안 △△△잡지라도 보시겠습니까? (야간비행 시) 제가 독서등을 켜드리겠습니다.

(3) 이륙 준비

■ 좌석 벨트 및 좌석 등받침 체크 시

a. 손님, 좌석 벨트를 매주시겠습니까? 비행기가 곧 이륙합니다.

b. 실례합니다만, 비행기가 곧 이륙하니 등받침을 세워주시겠습니까? 비상시를 대비하여 좌석을 원위치해 두는 편이 더 안전합니다.

c. 손님, 다소 불편하시더라도 손님과 뒤편 손님의 안전을 위하여 이륙 시에는 등받침을 세워주시겠습니까? 감사합니다.

d. 손님과 아기의 안전을 위해 아기는 벨트 밖으로 안아주시겠습니까? 감사합니다.

■ 비상구나 통로 주위에 짐이 있는 경우

a. 실례합니다. 손님의 짐이 맞습니까? 보관하실 곳이 없으시면 제가 이쪽 빈 공간에 놓아드리겠습니다. 만약의 경우에 대비하여 비상구 주위에는 탈출에 방해가 되는 물건을 놓지 못하도록 되어 있습니다.

b. 이곳은 비상시에 탈출구로 사용되는 출구이므로 항상 정리되어 있어야 합니다. 짐을 다른 곳에 보관해 드려도 괜찮으시겠습니까?

■ Take Off 시 화장실 이용 승객

a. 손님, 곧 이륙할 예정이니 손님 좌석으로 가서서 좌석 벨트를 매주시고 화장실은 이륙 후 좌석 벨트 표시등이 꺼진 후에 사용하시기 바랍니다.

b. 손님, 곧 비행기가 이륙합니다. 화장실은 이륙 후에 이용하시겠습니까? 비행기가 완전히 안정된 고도에 이르면 그때 이용해 주십시오. 감사합니다.

2) In Flight Service

(1) 헤드폰 서비스

• 헤드폰입니다. 영화 보시거나 음악 들으실 때 필요하실 겁니다. 즐겁게 감상하

십시오.

- 여행하시는 동안 사용하실 헤드폰입니다. 다양한 영화제목과 음악들은 이 기내지를 보시면 자세히 나와 있습니다.

(2) 기내도서 서비스

- 손님, 저희가 준비한 기내도서 목록입니다. 소설류와 비소설류, 만화 등 여러 종류가 준비되어 있습니다.
  ○○○를 보시겠습니까?
  보시고 난 후 승무원에게 돌려주시면 됩니다.
- 손님, 여러 종류의 일간지, 경제지 그리고 잡지가 준비되어 있습니다. 그동안 국내 소식이 궁금하셨죠? 어느 것으로 보시겠습니까?
- 제가 독서등을 켜드리겠습니다.

(3) 타월 서비스

- 손님, 타월 쓰시겠습니까? 뜨거우니 조심하십시오.
- 손님, 뜨거운 타월 사용하시겠습니까? 잠시 후 음료와 식사를 서비스하겠습니다.

> ### 타월을 더 사용하고자 하는 승객
>
> 손님, 다 쓰셨으면 치워드려도 되겠습니까?
> 네, 알겠습니다. 천천히 사용하십시오.
> 필요하시면 따뜻한 것으로 한 개 더 가져다 드릴까요?

(4) 음료서비스

- 손님, 식사하시기 전에 칵테일이나 음료를 드시겠습니까?
- 손님, 여러 가지 주스, 칵테일, 주류 등이 준비되어 있습니다. 어느 것으로 드시겠습니까?
- 손님, 시원한 오렌지주스나 파인주스는 어떠십니까?

- 칵테일을 좋아하시면 마티니 한 잔 하시는 것이 어떠십니까? 제가 정성껏 만들어드리겠습니다.
- 손님, 죄송합니다만, ○○는 저희가 서비스하지 않고 있습니다. 대신 ○○○는 어떠십니까?
- 손님, 위스키 스트레이트와 함께 물이나 7-up을 드시겠습니까?
- Refill 서비스
    a. Gin Tonic은 어떠셨습니까? 마음에 드셨다니 감사합니다. 한 잔 더 드시겠습니까?
    b. 음료 더 드시겠습니까? Guava Juice는 맛이 좋으셨습니까? 제가 한 잔 더 드리겠습니다.
    c. 식전주는 어떠셨습니까? 아까 드신 음료가 ○○셨지요? 한 잔 더 드시겠습니까?

(5) 식사서비스

- Meal Tray 서비스 시
    a. 손님, 저녁식사가 준비되어 있습니다. 제가 Table을 펴드리겠습니다.
    네, 오늘 저녁식사로는 불갈비와 도미찜이 준비되어 있습니다. 어느 것으로 드시겠습니까? 도미찜은 고추장과 함께 드시면 아주 맛이 좋습니다. 같이 드시겠습니까?
    Wine은 프랑스산 Red Wine과 White Wine이 있습니다. 어느 Wine으로 하시겠습니까? 네, 맛있게 드십시오.
    b. 저녁식사입니다. 한식으로 비빔밥과 양식으로 버섯 소스를 얹은 생선이 있습니다. 어느 것으로 드시겠습니까? Wine도 같이 하시겠습니까?
    c. 오늘 식사로는 소고기 안심 스테이크와 중국식 닭고기 요리가 있습니다. 소고기요리에는 프랑스산 Red Wine이 잘 어울리는데 함께 드시겠습니까? 맛있게 드십시오.

■ **모두 서비스된 식사를 주문 시**

> a. 손님, 대단히 죄송합니다. 마침 비빔밥은 전부 서비스되고 없습니다. 백반을 곁들인 생선 요리에 고추장과 함께 드시면 맛있습니다. 다음 아침식사에는 꼭 원하시는 식사를 드실 수 있도록 손님께 먼저 주문을 받겠습니다. 감사합니다.
>
> b. 손님, 죄송합니다만 주문하신 ○○가 전부 다 서비스되고 없는데 잠시만 기다려주시면 앞쪽에 여유가 있는지 확인해 보겠습니다.
> (확인 후) 정말 죄송합니다. ○○ 대신에 ○○○는 백반이 있어서 고추장과 함께 드시면 입맛에 맞으실 겁니다.

■ Hot Beverage 서비스

a. 커피 드시겠습니까? 크림, 설탕 필요하십니까? 방금 만들어서 향이 아주 좋습니다.

b. 식사 맛있게 드셨습니까? 디저트와 함께 커피 한 잔 드시겠습니까?
네, 녹차는 바로 준비해 드리겠습니다.

c. 네, 카페인 없는 커피도 있습니다. 곧 가져다 드리겠습니다. 맛있게 드십시오.

■ Meal Tray 회수

a. 식사는 어떠셨습니까? 커피 한 잔 더 하시겠습니까?

b. 맛있게 드셨습니까? 커피 한 잔 더 하시겠습니까? 필요하신 것 있으시면 말씀해 주십시오.

c. 불편하실 텐데, 다 드셨으면 식사 Tray를 먼저 치워드릴까요?
맛있게 드셨습니까?

d. 맛있게 드셨습니까? 원하시는 식사를 준비해 드리지 못해서 정말 죄송합니다. 다음 식사는 손님께 먼저 주문을 받도록 하겠습니다.

(6) 입국서류 배포

- 입국카드와 세관신고서입니다. 작성 중에 도움이 필요하시면 저희에게 말씀해 주십시오.

- 입국에 필요한 서류입니다. 모두 가지고 계신가요?

● 네, 제가 도와드리겠습니다. 여권을 보여주시겠습니까? 잘 지니고 계시다가 입국심사 때 제출하시면 됩니다.

> ▮ **입국서류 배포 시**
>
> 세관신고서와 입국카드를 모두 작성하셔야 합니다. 입국서류는 모두 기입해 주시고 날짜와 서명을 잊지 마십시오.

(7) 기내판매

● 면세품 필요하십니까? 천천히 살펴보십시오. 좌석 주머니에 기내판매 안내 책자가 있습니다. 가격과 제품 설명을 보시면 도움이 될 겁니다.

● 면세품을 판매합니다. 자리에 앉아 계시다 판매대가 지날 때 구입하시면 됩니다. 잠시만 기다려주십시오.

● 계산은 무엇으로 하시겠습니까? 화폐는 원, 미화, 엔화, 유로화를 받습니다. 무엇으로 계산해 드릴까요? 네, 섞어서 지급하셔도 됩니다. 그럼 잔돈은 원화로 드릴까요?

● 네, 카드도 받습니다. 달러로 계산해 드릴까요? 여기에 서명 부탁드립니다. 감사합니다.

　a. (다 팔린 물건 주문 시)

　　죄송합니다. ○○는 마침 재고가 없습니다. ○○과 비슷한 용도의 물품은 ○○○이 있는데 어떠십니까? 네, 가격은 같습니다. 감사합니다.

　b. (사전 주문 물품 구입을 원할 때)

　　죄송합니다만 그 물품은 사전에 주문을 하셔야만 합니다. 출국 24시간 전에 전화로 주문하시면 됩니다. 입국 시 필요하시면 72시간의 여유를 두고 주문하시면 됩니다. 감사합니다. 다른 물품은 필요하지 않으십니까?

(8) 승객 휴식

■ Curtain Close

죄송합니다만 창문커튼을 닫아주시겠습니까? 감사합니다.

■ PSU(Passenger Service Unit) / 리모컨 조작이 서툰 승객

제가 도와드리겠습니다. 이것은 승무원 호출 버튼이고 이것은 독서등입니다. 누
르시면 켜지고 다시 누르시면 꺼집니다. 독서 중에 따뜻한 차라도 한 잔 드시겠
습니까?

■ 헤드폰 회수 시

   a. 장거리 비행이라 많이 피곤하시죠? 영화는 재미있게 보셨습니까? 잠시 후
      내려서 맑은 공기를 마시면 기분이 한결 좋아지실 겁니다.

   b. 음악을 좋아하시나 봅니다. 비행 중에도 계속 음악을 듣고 계시던데 필요하
      시면 헤드폰을 계속 사용하십시오.

   c. 장거리 비행이라 많이 피곤하시죠? 기장님 방송에 의하면 도착지 날씨가
      맑고 쾌청하다고 합니다. 즐거운 여행 되십시오.

3) After Landing(도착 후 하기)

(1) Taxiing 중

(짐 정리나 화장실 이용을 위해 일어서는 승객)

● 손님, 죄송합니다만 지금 일어서시면 위험합니다. 잠시만 좌석에 앉아서 기다
  려주시겠습니까? 감사합니다.

● 손님, 죄송합니다. 안전을 위해 비행기가 정지할 때까지 좌석에 앉아서 기다려
  주시겠습니까? 감사합니다.

(2) Farewell 인사 시

- 안녕히 가십시오. 감사합니다.
- 오시면서 불편한 점은 없으셨습니까? 감사합니다. 안녕히 가십시오.
- 편안한 여행 되셨습니까?(편히 오셨습니까?) 귀국하실 때까지 즐거운 여행하시고 건강하게 지내시기 바랍니다.
- 감사합니다. 여행은 어떠셨습니까? 다음에 또 뵙겠습니다. 안녕히 가십시오.
- 편안한 여행이 되셨습니까? 불편하지는 않으셨는지요?
  즐거운 여행 되십시오.

2. 상황별 기내대화

1) …해 주시겠습니까?(부탁/요구해야 할 경우)

(1) Taxing 중 좌석 이탈

- 손님, 아직 비행기가 이동 중에 있습니다. 비행기가 완전히 정지하기 전까지는 위험합니다. 저희가 안내해 드릴 때까지 잠시 자리에서 기다려주시기 바랍니다. 감사합니다.
- 비행기가 내리실 장소로 이동 중에 있습니다. 비행기가 움직이는 동안은 위험합니다. 자리에서 기다려주시기 바랍니다. 비행기가 완전히 정지한 후 안내해 드리겠습니다.
- 비행기가 움직이는 중이라 급정거 시 위험합니다. 좌석에 앉으셔서 비행기가 완전히 멈출 때까지 기다려주시기 바랍니다.
- 손님, 비행기가 이동 중일 때 서 계시면 위험합니다. 갑자기 속도를 줄이거나 멈추게 되면 다칠 수도 있습니다. 비행기가 완전히 멈출 때까지 잠시만 기다려주십시오.

(2) Door Side에 눕거나 Slide에 앉음

- 죄송합니다만, 이곳은 비상탈출구역으로 승무원이 착석하는 곳입니다. 불편 하시더라도 손님 좌석에서 쉬시는 것이 어떠시겠습니까? 제가 따뜻한 차 한 잔 가져다 드리겠습니다.

- 이 안에는 비상시 사용할 미끄럼대가 장착되어 있습니다. 큰 힘을 주어 누르는 경우 작동이 불가능하게 됩니다. 다른 곳에 앉아주시겠습니까? 제가 쉬실 만한 자리를 알아봐 드리겠습니다.

- 실례합니다. 손님, 죄송합니다만 손님께서 앉으신 곳은 비상시에 이용되는 탈출 미끄럼대가 접힌 채로 넣어져 있기 때문에 외부로부터 힘이 가해지면 비상시에 미끄럼대가 자동으로 펴지지 않는 일이 발생할 수 있습니다. 이해해 주셔서 감사합니다.

- 죄송합니다만 이곳은 비상통로입니다. 불편하시더라도 좌석에서 쉬시는 것이 어떻겠습니까? 제가 따뜻한 차 한 잔 가져다 드리겠습니다.

- 손님, 죄송합니다. 이곳은 비상구이기 때문에 위험할 뿐 아니라 찬바람이 들어 와 감기 드시기 쉬우니 다소 불편하시더라도 자리로 돌아가주시겠습니까?

(3) 다른 좌석에 앉은 승객

- 손님, 자리를 잘못 앉으신 것 같습니다. 좌석번호가 몇 번이십니까? 바로 이 앞좌석이십니다. 이쪽으로 오시겠습니까? 제가 안내해 드리겠습니다.

- 탑승권을 보여주시겠습니까? 손님의 좌석은 바로 뒷좌석입니다. 제가 짐을 옮겨드리겠습니다.

- 손님, 아직 승객이 다 탑승하지 않으셨습니다. 승객이 다 타신 후에 빈자리가 있으면 선호하시는 좌석으로 제가 옮겨드리겠습니다. 죄송합니다만 지금은 원래 좌석으로 돌아가 주시기 바랍니다. 탑승이 끝난 후에 빈 자리가 있으면 제가 안내해 드리겠습니다. 감사합니다.

- 손님, 죄송합니다만 이 손님께서도 같은 자리를 받아오셨는데 제가 탑승권을 확인해 드리겠습니다. 네, 감사합니다. 손님 좌석은 바로 한 칸 앞쪽입니다.

이쪽으로 오시겠습니까?

- 실례하겠습니다. 탑승권을 보여주시겠습니까? 손님의 좌석은 00번입니다. 제가 자리로 안내해 드리겠습니다. 이쪽으로 오시겠습니까? 감사합니다.

(4) 착륙 시 서비스 요구

- 손님, 대단히 죄송합니다만 착륙 준비를 하는 시점에 기내 면세품 판매는 금지되어 있습니다. 다음에 여행하실 때는 필요하신 물품이 있으시면 사전에 주문하실 수 있습니다. 대단히 죄송합니다.
- 네, 손님, 알겠습니다. 비행기가 안전하게 착륙한 후 곧 가져다드리겠습니다. (서비스하며) 기다려주셔서 감사합니다.
- 네, 알겠습니다. 죄송합니다만, 비행기가 안전하게 착륙한 후 가져다드리겠습니다.

2) 죄송합니다만…(거절해야 하는 경우)

(1) Upgrade 요구 승객

- 선생님, 대단히 죄송합니다만, 기내에서의 Class 이동은 저희 권한으로는 해드리기 어렵습니다. 다소 불편하시더라도 양해해 주시기 바랍니다. 다음 여행하실 때는 수속 중에 지상 직원에게 말씀하시면 좌석변경이 가능합니다. 이해해 주셔서 감사합니다.
- 선생님, 죄송합니다만 기내에서는 좌석을 옮겨드리기가 곤란합니다. 원하신다면 직원을 통해서 조치해 드리도록 하겠습니다. 다음 여행 시에는 꼭 공항에서 좌석 배정받으실 때 원하시는 좌석을 말씀해 주십시오. 불편하신데 편의를 봐드리지 못해 죄송합니다.
- 손님, 기내에서의 Upgrade는 저희들이 해드리기 어렵습니다. 다음 여행하실 때는 지상 직원에게 말씀해 주십시오. Mileage Upgrade가 가능할 수도 있습니다. 죄송합니다.

- 손님, 죄송합니다. 제 개인적인 마음에서는 해드리고 싶지만 제 임의로 Upgrade를 해드릴 수 없습니다. 대신 편안하게 여행하실 수 있도록 최선을 다하겠습니다.
- 죄송합니다만, 기내에서는 저희 임의대로 좌석을 상위 Class로 옮겨드릴 수가 없습니다. 목적지까지 편히 가실 수 있도록 정성을 다하겠습니다.

(2) 해당 Class가 아닌 서비스 물품 요구

- 손님, 일반석에서는 서비스되고 있지 않은 용품입니다만 꼭 필요하시다면 여분이 있는지 제가 한번 알아보겠습니다.
- 손님, 죄송합니다. ○○을 찾아보았는데 마침 서비스가 되고 남은 것이 없습니다. 그 밖에 필요하신 것은 없으십니까?
- 손님, ○○은 이 구간에서 제공되지 않습니다. 말씀하신 ○○을 제공해 드리지 못해 죄송합니다.
- 네, 손님, 죄송합니다만 일반석에서는 슬리퍼를 서비스하지 않고 있습니다. 손님께서 필요하신 물건을 준비해 드리지 못해 죄송합니다.

(3) 만취 승객의 술 요구

- 선생님, 기내에서의 지나친 음주는 항공여행에 피로를 가중시킵니다. 항공기 내에서는 지상과는 달라서 알코올 체내 흡수가 빠릅니다. 잠시 쉬시고 난 후에 드시는 것이 어떠시겠습니까?
- 손님, 기내에서는 알콜음료를 많이 드시면 지상보다 더 쉽게 취하십니다. 시원한 식혜를 대신 드시면 어떠시겠습니까? 숙취에 좋다고 합니다.
- 손님, 더 이상 술을 드시면 곤란합니다. 지금 안색이 몹시 안 좋아 보이시니 안정을 취하시는 것이 좋겠습니다. 다른 음료를 드시는 것은 어떠십니까?
- 손님, 몹시 피곤해 보이십니다. 이제 술은 그만 드시고 좀 쉬시는 것이 어떠십니까? 제가 시원한 음료를 갖다드리겠습니다.
- 술을 많이 드신 것 같습니다. 차가운 타월을 쓰시겠습니까? 기내에서는 지상

보다 세 배 정도 빠르게 취한다고 합니다. 시원한 물이나 따뜻한 물을 드시겠습니까?

3) 대단히 죄송합니다(사과해야 할 경우)

(1) 좌석 중복 시

- 대단히 죄송합니다. 좌석배정할 때 저희 직원의 실수로 불편을 끼쳐드리게 되었습니다. 잠시 기다려주시기 바랍니다. 제가 곧 알아보겠습니다.
- 지상에서 좌석배정에 착오가 발생하였습니다. 잠시 기다려주시면 확인해 본 후 좌석을 마련해 드리겠습니다. 불편을 끼쳐드려 대단히 죄송합니다.
  오래 기다리셨습니다, 제가 좌석을 안내해 드리겠습니다. 이쪽으로 오시겠습니까?
  창가좌석이 비었습니다. 괜찮으시다면 그 자리로 안내해 드릴까요?

(2) 음료수를 엎질렀을 때

- 대단히 죄송합니다. 제가 닦아드리겠습니다. 손님, 옷이 많이 젖으셨습니까? 닦을 만한 것을 얼른 가져다드리겠습니다.
- 저의 부주의로 인해 불편을 끼쳐드려 대단히 죄송합니다. 옷이 많이 젖으셨습니까? 제가 곧 닦아드리겠습니다.

(3) 정비 지연 출발

- 선생님, 지금 정비상의 문제로 출발이 잠시 지연되고 있습니다. 대단히 죄송합니다만 잠시만 기다려주시겠습니까? 곧 안전하게 출발할 수 있을 것입니다. 가장 중요한 안전을 위한 조치이니 양해해 주시기 바랍니다.
  기다리시는 동안 시원한 음료수라도 드시겠습니까? 불편을 끼쳐드려 죄송합니다.
- 항공기 정비관계로 지연되고 있습니다. 대단히 죄송합니다. 정비사가 최선을

다하고 있으니 곧 연락이 있을 겁니다. 무엇보다도 안전에 관한 문제이니 너그러운 이해 부탁드립니다. 기다리시는 동안 시원한 주스 한 잔 드시겠습니까?

(4) 기내 PSU 고장 시

- 대단히 죄송합니다. 기내 비디오장비 이상으로 영화 상영이 어렵게 되었습니다. 지금 저희가 최대한 고쳐보는 중이니 잠시 기다려주시기 바랍니다. 미리 철저히 확인하지 못해 대단히 죄송합니다.
- 손님, 대단히 죄송하지만 오늘 기내의 모든 오디오, 비디오 장비가 고장입니다. 수리가 빨리 될 수 있도록 최대한 노력하겠습니다. 기다리시는 동안 기내 도서와 신문, 잡지를 보시는 것은 어떠시겠습니까?

(5) 서비스용품 및 기내식에 대한 불만

- 좋으신 말씀 감사합니다. 저희도 항상 다양한 메뉴로 손님들을 모시고자 노력하고 있습니다만 앞으로 더욱 애쓰겠습니다. 지적해 주셔서 감사합니다. 말씀해 주신 사항들이 잘 반영되도록 하겠습니다.
- 네, 서비스용품이나 기내식에 관한 제안을 담당부서에 통보하여 시정하도록 하겠습니다. 의견을 주셔서 감사합니다.

(6) 서비스 지연

- 손님, 대단히 죄송합니다. 본의 아니게 말씀하신 것을 잊었습니다. 앞으로는 꼭 메모하는 습관을 들이도록 하겠습니다. 너무 많이 기다리시게 해서 죄송합니다.
  다른 필요하신 것은 없으십니까?
- 선생님, 대단히 죄송합니다. 커피 메이커에 이상이 생겨 서비스가 늦어졌습니다. 여기 새로 만든 커피를 가져왔습니다.
  너그럽게 양해해 주시기 바랍니다. 감사합니다.

기내방송 예문
(한국어, 영어)

1. Baggage Securing

Ladies and gentlemen,

For your comfort and safety, please put your carry-on baggage/ in the overhead bins or under the seat in front of you.

When you open the overhead bins, please be careful as the contents may fall out.

Thank you.

손님 여러분, 가지고 계신 짐은/ 앞좌석 밑이나 선반 속에 보관해 주시고, 선반을 여실 때는/ 먼저 넣은 물건이 떨어지지 않도록 조심해 주십시오.

감사합니다.

2. Welcome at Original Station : General

Good morning (afternoon, evening), ladies and gentlemen.
On behalf of captain(family name) and the entire crew, welcome aboard
○○○, air flight _____bound for _____(via _____).
Our flight time to _____/will be _____hour(s) _____ minutes/ after take-off.
Please refrain from smoking at any time in the cabin or in the lavatories.
If there is anything we can do/ to make your flight more comfortable, our cabin crew are happy to serve you.
Please enjoy the flight.
Thank you.

손님 여러분, 안녕하십니까?
이 비행기는 (~를 거쳐) _____까지 가는 ○○항공 _____편입니다.
목적지인 _____공항까지의 비행시간은/ 이륙 후 ____시간 ____분으로 예정하고 있습니다.
오늘 (Full Name) 기장과 (Full Name) 사무장, 그리고 ___명의 승무원이/ 여러분의 항공여행을 안내해 드리겠습니다.
손님 여러분, 화장실을 비롯한 모든 곳에서 담배를 피우시는 것은/ 항공법으로 금지되어 있으니, 유의하시기 바랍니다.
아무쪼록 (도시명)까지 편안한(즐거운) 여행을 하시기 바랍니다.
감사합니다.

3. Seatbelt Sign Off 안내

Ladies and gentlemen, the seatbelt sign/ is now off.
For your safety, please keep your seat belt fastened while seated.
When opening the overhead bins, be careful as the contents may fall out.
Thank you.

손님 여러분, 방금 좌석 벨트 사인이 꺼졌습니다.
그러나 기류변화로 비행기가 갑자기 흔들릴 수 있으니 자리에 앉아 계실 때는/ 항상
좌석 벨트를 매주시기 바랍니다. 또한 선반 속의 물건을 꺼내실 때는/ 안에 있는 짐들이
떨어지지 않도록 조심해 주십시오.
감사합니다.

4. Turbulence : Light

Ladies and gentlemen,
A. We will be passing through turbulence.
B. We are now passing through turbulence.
Please return to your seat and fasten your seat belt.
Thank you.

안내말씀 드리겠습니다.
A. 기류변화로 비행기가 (다소) 흔들릴 것으로 예상됩니다.
B. 기류변화로 비행기가 흔들리고 있습니다.
여러분의 안전을 위해/ 자리에 앉아 좌석 벨트를 매주시기 바랍니다.
감사합니다.

5. Arrival Information : Korea

Ladies and gentlemen, for entering Korea, please have your entry documents ready. All passengers are required to complete an arrival card (and health questionnaire).

Passengers with any restricted items, or carrying items with a combined value of 600 US dollars or the equivalent in foreign currency, please declare that amount on the customs form.

Meats, plants, fruits or any other food items should also be declared. Failure to declare could result in an additional tax.

Passengers connecting to domestic flights here in Incheon airport, please proceed to the airlines domestic transfer counter on the 3rd floor after customs clearance.

And those passengers connecting to international flights, please go through the security checks at the transfer points on the 2nd floor and proceed to the airlines international transfer counter or to the departure gate located on the 3rd floor.

Also, if you need assistance in touring Korea, please call the number 1330, which is a tour guide call service provided by Korean government.

An English-speaking guide at your nearest tourist information center will answer your call. Interpretation assistance is available. Thank you.

안내말씀 드리겠습니다.
대한민국에 입국하시는 손님께서는/ 입국에 필요한 서류를 준비하셨는지 확인해 주시기 바랍니다.
입국카드(와 검역설문서)는 한 분도 빠짐없이 작성하시고, 세관신고서는 구입한 물품의 전체 금액이 미화 600불을 넘거나, 반입이 제한된 물품을 소지하신 분만 적어주십시오. 아울러, 손님 중에 미화 만 불 이상이나 이에 해당하는 외화 또는 육류, 식물류를 지닌 분도/세관신고서를 반드시 작성하시기 바랍니다.
특히 자진신고를 하지 않는 경우, 가산세가 부과되니 유의해 주십시오. 그리고 손님 중 이곳 인천공항에서 운항되는 국내선으로 갈아타실 분은 모든 짐을 찾아 세관검사를 마치시고, 3층 국내선 연결 카운터에서 탑승수속을 하시기 바랍니다. 또한 계속해서 국제선으로 여행하시는 분은/ 환승지점에서 보안검색을 마치신 다음, 3층 해당 항공사 카운터에서 안내를 받으십시오. 감사합니다.

6. Arrival Information : USA

Ladies and gentlemen,

For entering the United States, please have your entry documents ready.

Passengers carrying more than ten thousand US dollars, or the equivalent in foreign currency/ must declare that amount on the customs form.

Fruits, plants, seeds, or other food items should also be declared.

Those passengers continuing on to _____ or traveling with connecting flights are also required/ to take the all belongings with you and clear customs here at _____ airport after picking up all your checked baggage. Thank you.

안내말씀 드리겠습니다.

손님 여러분께서는 입국에 필요한 서류를 준비하셨는지 확인해 주시기 바랍니다.

입국카드는 한 분도 빠짐없이 작성하시고, 세관신고서는 가족당 1장씩 적어주십시오.

그리고 미화 만 불 이상이나 이에 해당하는 외화 또는 과일, 씨앗, 식품류 등의 농축수산물을 지닌 분께서는/ 세관신고서에 신고하시는 것을 잊지 마시기 바랍니다.

계속해서 저희 비행기 및 다른 항공사로 여행하시는 손님 여러분께서도/ 모든 짐을 가지고 내리신 후, 이곳(공항명)에서 짐을 찾아 세관검사를 받으신 다음/ 통과여객 안내 카운터로 가셔서, 저희 지상 직원의 안내를 받으시기 바랍니다.

궁금한 점이 있는 분께서는 저희 승무원에게 말씀해 주시면 정성껏 도와드리겠습니다.

감사합니다.

7. Transit Procedure : PAX Deplaning

Ladies and gentlemen,

Passengers continuing on to (도시명), are requested to obtain a transit card after deplaning/ and proceed to the transit area.

For security reasons, please take all your belongings with you when you deplane.

The scheduled departure time for _____/ is (_____ : _____) in the morning (afternoon, evening).

Reboarding will be starting in about _____minutes.

The boarding time will be announced/ in the transit area.

Those passengers continuing on to _____, customs inspection will take place at your final destination.

Thank you.

계속해서 저희 비행기로 _____까지 가시는 손님 여러분께 안내말씀 드리겠습니다.

손님 여러분의 안전과 항공기 보안을 위해 모든 짐을 가지고 내리시기 바랍니다.

내리신 후에는 저희 지상 직원의 안내에 따라 통과카드를 받으신 다음, 공항라운지에서 잠시 기다려주십시오.

저희 비행기의 출발시간은 ___시 ___분입니다.

약 ___분 후에 탑승을 시작할 예정이며, 정확한 시간은 공항에서 다시 알려드리겠습니다.

참고로 저희 비행기로 ___까지 가시는 손님 여러분의 세관검사는/최종 도착지인 ___에서 실시됨을 알려드립니다.

감사합니다.

8. Approaching

Ladies and gentlemen,
We are approaching _____ airport.
We will be preparing for the landing.
Your cooperation will be appreciated.
Thank you.

손님 여러분, 저희 비행기는 약 (20분) 후에 _____공항에/ 도착하겠습니다.
저희 승무원들의 착륙준비에 협조해 주시기 바랍니다.
감사합니다.

9. Landing

Ladies and gentlemen,
We will be landing shortly.
Please fasten your seat belt/ and return your seat back, (foot rest,) and tray table/ to the upright position.
Also, please secure your carry-on baggage/ under the seat in front of you or in the overhead bins.
Thank you for your cooperation.

손님 여러분
저희 비행기는 잠시 후에 착륙하겠습니다.
좌석 벨트를 매주시고, 등받이와 (발 받침대) 테이블을 제자리로 해주십시오.
아울러 꺼내놓으신 짐들은 선반 속과 앞좌석 밑에 다시 보관해 주십시오.
감사합니다.

10. Farewell at Terminal Station : General

Ladies and gentlemen,

Welcome to (도시명)

The local time is (_____ : _____) in the morning (afternoon/evening).

For your safety, please remain seated/ until the captain has turned off the seat belt sign.

When you open the overhead bins, be careful as the contains may fall out.

And also please have all your belongings with you when you deplane.

Thank you for flying (항공사명), and we wish you a pleasant stay/ hear in (도시명).

Thank you.

손님 여러분, (도시명)에 오신 것을 환영합니다.

지금 이곳 시간은/ 오전(오후) ___시 ___분입니다.

비행기가 완전히 멈춘 후, 좌석 벨트 사인이 꺼질 때까지/ 잠시만 자리에서 기다려주시기 바랍니다.

선반을 여실 때는/ 안에 있는 물건이 떨어지지 않도록 조심해 주시고, 잊으신 물건이 없는지/ 다시 한번 살펴주십시오.

오늘도 저희 00항공을 이용해 주셔서 감사합니다.

안녕히 가십시오.

주요 항공용어 및 약어

ACL (Allowable Cabin Load)
객실 및 화물실에 탑재 가능한 최대 중량으로서 이착륙 시의 기상조건, 활주로의 길이, 비행기의 총 중량 및 탑재연료량 등에 의해 영향을 받는다.

APIS (Advance Passenger Information System)
출발지 공항 항공사에서 예약/발권 또는 탑승수속 시 승객에 대한 필요 정보를 수집, 미 법무부/세관 당국에 미리 통보하여 미국 도착 탑승객에 대한 사전 점검을 가능케 함으로써 입국심사 소요시간을 단축시키는 제도

Apron
주기장 공항에서 여객의 승강, 화물의 적재 및 정비 등을 위해 항공기가 주기하는 장소

APU (Auxiliary Power Unit)
항공기 뒷부분에 달려 있는 보조 동력장치로서 외부 동력지원이 없을 때 자체적으로 전원을 공급할 수 있는 장치

ARS (Audio Response System)
국내선, 국제선 항공기의 당일 정상운항 여부 및 좌석 현황을 전화로 알아볼 수 있는 자동 음성응답 서비스

ASP (Advance Seating Product)
항공편 예약 시 원하는 좌석을 미리 예약할 수 있도록 하는 사전 좌석 배정제도

ATB (Automated Ticket and Boarding Pass)
탑승권 겸용 항공권으로서 Void Coupon 없이 실제 항공권만 발행한다.

ATC Holding (Air Traffic Control Holding)
공항의 혼잡 또는 기타 이유로 관제탑의 지시에 따라 항공기가 지상에서 대기하거나 공중에
서 선회하는 것

ATD (Actual Time of Departure)
실제 항공기 출발시간

ATA (Actual Time of Arrival)
실제 항공기 도착시간

AWB (Air Waybill)
송하인과 항공사 간에 화물 운송계약 체결을 증명하는 서류

Baby Bassinet
기내용 유아요람으로 항공기 객실 내부 각 구역 앞의 벽면에 설치하여 사용한다.

Baggage Claim Tag
위탁수하물의 식별을 위해 항공회사가 발행하는 수하물 증표

Block Time
항공기가 자력으로 움직이기 시작(Push Back)해서부터 다음 목적지에 착륙하여 정지
(Engine Shut Down)할 때까지의 시간

Boarding Pass
탑승권

Bond
외국에서 수입한 화물에 대해서 관세를 부과하는 것이 원칙이나 그 관세징수를 일시 유보하
는 미통관 상태를 말한다.

Bonded Area
보세구역

Booking Class
기내에서 동일한 Class를 이용하는 승객이라 할지라도 상대적으로 높은 운임을 지불한 승객에게 수요 발생시점에 관계없이 예약 시 우선권을 부여하고자 하는 예약등급

Bulk Loading
화물을 ULD를 사용하지 않고 낱개상태로 직접 탑재하는 것

Cancellation
목적지 기상의 불량, 기재의 고장, 결함의 발견 또는 예상 등으로 사전 계획된 운항 편을 취소하는 것

Cargo Manifest (CGO MFST)
화물 적하목록. 관계당국에 제출하기 위해 탑재된 화물의 상세한 내역을 적은 적하목록으로서 주요 기재사항으로는 항공기 등록번호, Flight Number, Flight 출발지, 목적지, Air Waybill Number, 화물의 개수, 중량, 품목 등이다.

Catering
기내에서 서비스되는 기내식 음료 및 기내용품을 공급하는 업무.
항공회사 자체가 기내식 공장을 운영하며 Catering을 행하는 경우도 있으나 대부분은 Catering 전문회사에 위탁하고 있다.

Carry-on Baggage
기내 반입 수하물

Charter Flight
공표된 스케줄에 따라 특정구간을 정기적으로 운항하는 정기편 항공운송과 달리 운항구간, 운항시기, 운항스케줄 등이 부정기적인 항공운송 형태를 말한다.

C.I.Q.
Customs(세관), Immigration(출입국), Quarantine(검역)의 첫 글자로 정부기관에 의한 출입국 절차의 심사를 의미한다.

CHG
Change의 약어

CIS (Central Information System)
여행에 필요한 각종 정보 및 기타 예약업무 시 참고사항을 Chapter & Page화하여 수록한
종합여행정보시스템으로 General Topic Chapter와 City Chapter로 구성

CM (Cargo Manifest)
관계당국에 제출하기 위해 항공기 등록번호, 비행 편수, 출발지 목적지, 화물개수, 중량,
품목 등 탑재된 화물의 상세한 내역을 나타내는 적하목록

Conjunction Ticket
한 권의 항공권에 기입 가능한 구간은 4개 구간이므로 그 이상의 구간을 여행할 때에는
한 권 이상의 항공권으로 분할하여 기입하게 되는데 이러한 일련의 항공권을 말한다.

CRS (Computer Reservation System)
항공사가 사용하는 예약 전산시스템으로서, 단순 예약기록의 관리뿐 아니라 각종 여행정보
를 수록하여 정확하고 광범위한 대고객 서비스를 가능케 한다.

CRT (Cathode Ray Tube)
컴퓨터에 연결되어 있는 전산장비의 일종으로 TV와 같은 화면과 타자판으로 구성되어 있으며
Main Computer에 저장되어 있는 정보를 즉시 Display해 보거나 필요한 경우 입력도 가능하다.

CTC
Contact의 약어

DBC (Denied Boarding Compensation)
해당 항공 편의 초과예약 등 자사의 귀책사유로 인하여 탑승이 거절된 승객에 대한 보상제도

Declaration of Indemnity
동반자 없는 소아 관광객, 환자, 기타 면책사항에 관한 항공회사에 만일의 어떠한 경우에도
책임을 묻지 않는다는 요지를 기입한 보증서

Deportee (DEPO)
강제추방자. 합법, 불법을 막론하고 일단 입국한 후 관계당국에 의해 강제로 추방되는 승객

De-icing (DCNG)
항공기 표면의 서리, 얼음, 눈 등을 제거

Dispatcher
운항관리사. 항공기의 안전운항을 위해 항공기 출발 전에 기상조건이나 비행항로 상의 모든 운항정보를 수집, 비행계획을 수립하여 기장의 합의를 받는다. 비행 중에는 항공기의 위치 통보를 지켜보면서 운항사정을 파악하고 비행의 종료에 이르기까지 안전운항을 위한 역할을 한다.

Diversion
목적지 변경. 목적지의 기상불량 등으로 다른 비행장에 착륙하는 것을 말한다. 이는 출발지로 돌아오는 경우는 아니다.

E/D Card (Embarkation/Disembarkation Card)
출입국 신고서(기록카드)

Embargo
어떤 항공회사가 특정 구간에 있어 특정 여객 및 화물에 대해 일정기간 동안 운송을 제한 또는 거절하는 것을 말한다.

Endorsement
항공사 간 항공권에 대한 권리를 양도하기 위한 행위

ETA (Estimated Time of Arrival)
도착 예정시간

ETD (Estimated Time of Departure)
출발 예정시간

Excess Baggage Charge
무료 수하물량을 초과할 경우 부과되는 수하물 요금

Express Service
소형화물 특송 서비스

Extra Flight
현재 취항 중인 노선에 정기편이 아니고 추가된 Flight

F

Ferry Flight
유상 탑재물을 탑재하지 않고 실시하는 비행을 말하며 항공기 도입, 정비, 편도 전세 운항 등이 이에 속한다.

First Aid Kit
기내에 탑재되는 응급처치함

FOC (Free of Charge)
무료로 제공받은 Ticket으로 SUBLO와 NO SUBLO로 구분된다.

Forwarder
항공화물 운송대리점(인)

Free Baggage Allowance
여객운임 이외에 별도의 요금 없이 운송할 수 있는 수하물의 허용량

G

G/D (General Declaration)
항공기 출항허가를 받기 위해 관계기관에 제출하는 서류의 하나로 항공 편의 일반적 사항, 승무원의 명단과 비행상의 특기사항 등이 기재되어 있다.

Give Away
기내에서 탑승객에게 제공되는 탑승기념품

G/H (Ground Handling)
지상조업. 항공화물, 수하물 탑재, 하역작업 및 기내청소 등의 업무

Ground Time
한 공항에서 어떤 항공기가 Ramp-In해서 Ramp-Out하기까지의 지상체류 시간

GRP
Group의 약어

GSH (Go Show)
예약이 확정되지 않은 승객이 해당 비행 편의 잔여좌석 발생 시 탑승하기 위해 공항에 나오는 것

GPU (Ground Power Unit)
지상에 있는 비행기에 외부로부터 전력을 공급하기 위해 교류발전기를 실은 전원장치

GTR (Government Transportation Request)
공무로 해외여행을 하는 공무원 및 이에 준하는 사람들에 대한 할인 및 우대 서비스를
말하며 국가적인 차원에서 국적기 보호육성, 정부 예산절감, 외화 유출방지 등의 효과가
있다.

GMT (Greenwich Mean Time)/**UTC** (Universal Time Coordinated)
영국 런던 교외 Greenwich를 통과하는 자오선을 기준으로 한 Greenwich 표준시를 0으로
하여 각 지역 표준시와의 차를 시차라고 한다.
최근 GMT를 협정세계시 UTC로 대체하여 호칭한다.

H

Hangar
항공기의 점검 및 정비를 위해 설치된 항공기 주기 공간을 확보한 장소로 격납고를 의미한다.

I

IATA (International Air Transportation Association)
세계 각국 민간항공회사의 단체로 1945년에 결성되어 항공운임의 결정 및 항공사 간 운임
정산 등의 업무를 행한다. 본부는 캐나다의 몬트리올에 있다.

ICAO (International Civil Aviation Organization)
국제연합의 전문기구 중 하나로 국제민간항공의 안전유지, 항공기술의 향상, 항공로와 항공
시설의 발달, 촉진 등을 목적으로 1947년에 창설되었다. 한국은 1952년에 가입하였으며
본부는 캐나다의 몬트리올에 있다.

In Bound/Out Bound
임의의 도시 또는 공항을 기점으로 들어오는 비행 편과 나가는 비행 편을 일컫는다.

Inadmissible Passenger (INAD)

사증 미소지, 여권 유효기간 만료, 사증목적 외 입국 등 입국자격 결격사유로 입국이 거절된 여객

Inclusive Tour (IT)

항공요금, 호텔비, 식비, 관광비 등을 포함하여 판매되고 있는 관광을 말하며 Package Tour 라고도 한다.

IRR

Irregular의 약어

Itinerary

여정. 여객의 여행개시부터 종료까지를 포함한 전 구간

Joint Operation

영업효율을 높이고 모든 경비의 합리화를 도모하며 항공협정상의 문제나 경쟁력 강화를 위하여 2개 이상의 항공회사가 공동 운항하는 것

L/F (Load Factor)

공급좌석에 대한 실제 탑승객의 비율(탑승객 전체 공급좌석 100)

MAS (Meet & Assist Service)

VIP, CIP 또는 Special Care가 필요한 승객에 대한 공항에서의 영접 및 지원 업무

MCO (Miscellaneous Charges Order)

제비용 청구서. 추후 발행될 항공권의 운임 또는 해당 승객의 항공여행 중 부대서비스 Charge를 징수한 경우 등에 발행되는 지불증표

MCT (Minimum Connection Time)

특정 공항에서 연결편에 탑승하기 위해 연결편 항공기 탑승 시 소요되는 최소시간

N

NIL
Zero, None의 의미

NRC (No Record)
항공기 단말기상에 예약기록이 없는 상태

NSH (No Show)
예약이 확정된 승객이 당일 공항에 나타나지 않는 경우

NO SUBLO (No Subject to Load)
무상 또는 할인요금을 지불한 승객이지만 일반 유상승객과 같이 좌석예약이 확보되는 것을 말한다.

O

OAG (Official Airline Guide)
OAG사가 발행하는 전 세계의 국내·국제선 시간표를 중심으로 운임, 통화, 환산표 등 여행에 필요한 자료가 수록된 간행물. 수록된 내용은 공항별 최소 연결시간, 주요 공항의 구조시설물, 항공업무에 사용되는 각종 약어, 공항세 및 Check-in 유의사항, 수하물 규정 및 무료 수하물 허용량 등이다.

Off Line
자사 항공 편이 취항하지 않는 지점 또는 구간

On Line
자사가 운항하고 있는 지점 또는 구간

Overbooking
특정 비행 편에 판매가능 좌석 수보다 예약자의 수가 더 많은 상태. 즉 No-Show 승객으로 인한 Seat Loss를 방지하여 수입제고를 도모하며 고객의 예약기회 확대를 통한 예약 서비스 증대를 위해 실제 항공기 좌석 숫자보다 예약을 초과하여 받는 것을 말한다. Overbooking률은 오랜 기간 동안의 평균 No-Show율, 과거 예약의 흐름, 단체 예약자 수, 예약 재확인을 실시한 승객 수 등을 고려하여 결정·운영된다.

P

Payload

유상 탑재량. 실제로 탑승한 승객, 화물, 우편물 등의 중량이다. 그 양은 허용 탑재량(ACL)에 의해 제한된다.

PNR (Passenger Name Record)

승객의 예약기록번호

Pouch

Restricted Item, 부서 간 전달 서류 등을 넣는 Bag으로 출발 전 사무장이 운송부 직원에게 인수받아 목적지 공항에 인계한다.

Pre Flight Check

객실승무원이 승객탑승 전 담당 임무별로 객실 안전 및 기내서비스를 위해 준비하는 시간으로 비상장비, 서비스 기물 및 물품 점검, 객실의 항공기 상태 등을 확인·준비하는 것을 말한다.

PSU (Passenger Service Unit)

승객 서비스 장치

PTA (Prepaid Ticket Advice)

타 도시에 거주하는 승객을 위하여 제3자가 항공운임을 사전에 지불하고 타 도시에 있는 승객에게 항공권을 발급하는 제도

Push Back

항공기가 주기되어 있는 곳에서 출발하기 위해 후진하는 행위로 항공기는 자체의 힘으로 후진이 불가능하므로 Towing Car를 이용하여 후진한다.

R

Ramp

항공기 계류장

Ramp-out

항공기가 공항의 계류장에 체재되어 있는 상태에서 출항하기 위해 바퀴가 움직이기 시작하는 상태

Reconfirmation

여객이 항공 편으로 어느 지점에 도착하였을 때 다음 탑승편 출발 시까지 일정시간 이상이 경과할 경우 예약을 재확인하도록 되어 있는 제도

Refund

사용하지 않은 항공권에 대하여 전체나 부분의 운임을 반환하여 주는 것

Replacement

승객이 항공권을 분실하였을 경우 항공권 관련사항을 접수 후 항공사 해당점소에서 신고사항을 근거로 발행점소에서 확인 후 항공권을 재발행하는 것

S

SRI (Security Removed Item)

승객의 휴대수하물 중 보안상 문제가 될 수 있는 Item으로 기내 반입이 불가하다(우산, 골프채, 칼, 가위, 톱, 건전지 등).

Seat Configuration

기종별 항공기에 장착되어 있는 좌석의 배열

Segment

항공운항 시 승객의 여정에 해당되는 모든 구간

SHR (Special Handling Request)

특별히 주의를 요해 Care해야 하는 승객으로 운송부 직원으로부터 Inform을 받는다.

Simulator

조종훈련에 사용하는 항공기 모의 비행장치로서 항공기의 조종석과 동일하게 제작되어 실제 비행훈련을 하는 것과 같은 효과를 얻을 수 있다.

SKD

Schedule의 약어

Squawk

비행 중에 고장이 있다든지 작동상 이상한 부분이 있으면 승무원은 항공일지에 그 결함상태를 기입하여 정비사에게 인도하게 되는데 이것을 Squawk이라고 한다.

STA (Scheduled Time of Arrival)
공시된 Time Table상의 항공기 도착 예정시간

STD (Scheduled Time of Departure)
공시된 Time Table상의 항공기 출발 예정시간

Stopover
여객이 적정 운임을 지불하여 출발지와 종착지 간의 중간지점에서 24시간 이상 체류하는
것을 의미하며, 요금 종류에 따라 도중 체류가 불가능한 경우가 있다.

Stopover on Companys Account
연결편 승객을 위한 우대서비스로서 승객이 여정상 연결편으로 갈아타기 위해 도중에서
체류해야 할 경우 도중 체류에 필요한 제반 비용을 항공사가 부담하여 제공하는 서비스

SUBLO (Subject to Load)
예약과 상관없이 공석이 있는 경우에만 탑승할 수 있는 무임 또는 할인운임 승객의 탑승조
건(항공사 직원 등)

Tariff
항공관광자 요금이나 화물요율 및 그들의 관계 규정을 수록해 놓은 요금요율책자

Taxiing
Push Back을 마친 항공기가 이륙을 위해 이동하는 행위로 그 경로를 Taxi Way라고 한다.

Technical Landing
여객, 화물 등의 적하를 하지 않고 급유나 기재 정비 등의 기술적 필요성 때문에 착륙하는 것

TIM (Travel Information Manual)
승객이 해외여행 시 필요한 정보, 즉 여권, 비자, 예방 접종, 세관 관계 등 각국에서 요구하
는 규정이 철자 순으로 수록되어 있는 소책자. 각국의 출입국 절차 및 입국 시 준비서류
등을 종합적으로 안내하는 책자로 국제선 항공 편의 기내에 비치되어 있다.

TIMATIC
TIM을 전산화한 것으로서, 고객이 필요한 정보를 Update된 상황에서 신속히 제공하기

위함. TIMATIC은 여러 가지 분류기호에 따라 필요부분을 볼 수 있으며, 크게 Full Text Data Base와 Specific Text Data Base의 두 부분으로 구분

Transfer
여정상의 중간지점에서 여객이나 화물이 특정 항공사의 비행 편으로부터 동일 항공사의 다른 비행 편이나 타 항공사의 비행 편으로 바꿔타거나 전달되는 것

Transit
여객이 중간 기착지에서 항공기를 갈아타는 것

TTL (Ticketing Time Limit)
매표 구입시한. 항공권을 구입하기로 약속된 시점까지 구입하지 않은 경우 예약이 취소될 수 있다.

TWOV (Transit without Visa)
항공기를 갈아타기 위하여 짧은 시간 체재하는 경우에는 비자를 요구하지 않는 경우를 말한다.

U

ULD (Unit Load Device)
Pallet, Container 등 화물(수하물)을 항공기에 탑재하는 규격화된 용기

UM (Unaccompanied Minor)
성인의 동반 없이 혼자 여행하는 유아나 소아.
각 항공사마다 규정이 상이하기는 하나 통상 국제선 5세 이상~12세 미만, 국내선 5세 이상~13세 미만이다.

Upgrade
상급 Class에의 등급변화를 일컬으며 관광객의 의사에 따라 행하는 경우와 회사의 형편상 행하는 경우가 있으며, 후자의 경우 추가요금 징수가 없다.

V

Void
취소표기. AWB나 Manifest 등의 취소 시 사용되는 표기

VWA (Visa Waiver Agreement)
양국 간에 관광, 상용 등 단기 목적으로 여행 시 협정체결국가에 비자 없이 입국이 가능하도록 한 협정

VWP (Visa Waiver Program)
미국 입국규정에 의거, 협정을 맺은 국가의 국민이 VWP 요건을 충족하여 미국 입국 시 미국 비자 없이도 입국 가능토록 한 일종의 단기 비자면제협정

W

W/B (Weight & Balance)
항공기의 중량 및 중심 위치를 실측 또는 계산에 의해 산출하는 것을 말한다.

Winglet
비행기의 주날개 끝에 달린 작은 날개. 미국항공우주국(NASA)의 R. T. 위트컴이 고안하였는데, 비행기의 주날개 끝에 수직 또는 수직에 가깝게 장치한다. 날개 끝에서 발생하는 소용돌이로 인한 유도항력(誘導抗力)을 감소시킴과 동시에 윙릿에서 발생하는 양력(揚力 : lift)을 추력(推力 : thrust)성분으로 바꾸어 항력(drag)을 감소시키는 것으로, 연료 절감에도 큰 효과가 있을 것으로 기대되고 있다.

■ 국제민간항공기구의 음성알파벳(ICAO Phonetic Alphabet)

일반적으로 항공사에서는 예약업무 시 전화상의 영문자 소통 및 운송업무 시 Seat No.와 관련하여 확실한 의사소통을 위해 주로 국제민간항공기구(ICAO)가 권장하는 음성알파벳을 사용하게 되는데 그 내용은 다음과 같다.

Letter	Phonetic Alphabet	Letter	Phonetic Alphabet
A	Alpha	N	November
B	Bravo	O	Oscar
C	Charley	P	Papa
D	Delta	Q	Queen
E	Echo	R	Romeo
F	Father	S	Smile
G	Golf	T	Tango
H	Hotel	U	Uniform
I	India	V	Victory
J	Juliet	W	Whisky
K	Kilo	X	X-ray
L	Lima	Y	Yankee
M	Mike	Z	Zulu

■ 각 도시 및 공항 Code

국제항공운송협회(IATA)에서는 비행기가 운항하는 세계의 각 도시와 공항을 3자리(3-letter)로 암호화하여 도시코드와 공항코드를 만들었다. 각 도시에 공항이 1개만 있는 경우 도시코드와 공항코드가 같지만 공항이 2개 이상 있는 도시에는 각각의 공항코드가 여러 개 있다.

1. 국내선 도시/도시 Code

도시명	공항Code	도시명	공항Code
서울	GMP	부산	PUS
인천	ICN	양양	YNY
제주	CJU	대구	TAE
광주	KWJ	포항	KPO
울산	USN	강릉	KAG
속초	SHO	군산	KUV
목포	MPK	여수	RSU
진주	HIN	예천	YEC
청주	CJJ	원주	WJJ

2. 국제선 도시/공항 Code

■ 일본 지역

도시명	도시Code (공항Code)	도시명	도시Code (공항Code)
Tokyo	TYO (NRT, HND)	Sapporo	SPK (CTS)
Osaka	OSA (ITM, KIX)	Okayama	OKJ
Nagoya	NGO	Kagoshima	KOJ
Hiroshima	HIJ	Nagasaki	NGS
Takamatsu	TAK	Aomori	AOJ
Toyama	TOY	Sendai	SDJ
Komatsu	KMQ	Kumamoto	KMJ
Okinawa	OKA	Oita	OIT
Fukuoka	FUK	Nigata	KIJ

중국/러시아

도시명	도시 Code (공항Code)	도시명	도시 Code
Beijing	BJS(PEK)	Tianjin	TSN
Guangzhou	CAN	Harbin	HRB
Shanghai	SHA	Qingdao	TAO
Changchun	CGQ	Macau	MFM
Shenyang	SHE	Hong Kong	HKG
Sanya	SYX	Tashkent	TAS
Ulan Bator	ULN	Khabarovsk	HKV
Vladivostok	VVO	Krasnoyarsk	KJA

동남아 지역

도시명	도시 Code (공항Code)	도시명	도시 Code (공항Code)
Jakarta	JKT(CGK)	Denparsar	DPS
Mumbai	BOM	Delhi	DEL
Singapore	SIN	Kuala Lumpur	KUL
Bangkok	BKK	Phuket	HKT
Hanoi	HAN	Taipei	TPE
Saipan	SPN	Ho Chi Minh	SGN

대양주 지역

도시명	공항Code	도시명	공항Code
Auckland	AKL	Christchurch	CHC
Brisbane	BNE	Sydney	SYD
Guam	GUM	Cairns	CNS
Saipan	SPN	Fiji	NAN

■ 미주 지역

도시명	도시Code (공항Code)	도시명	도시Code (공항Code)
Los Angeles	LAX	Anchorage	ANC
New York	NYC (JFK, EWR, LGA)	Boston	BOS
Honolulu	HNL	Atlanta	ATL
Chicago	CHI(ORD)	Denver	DEN
San Francisco	SFO	Vancouver	YVR
Washington D.C	WAS(IAD, DCA)	Toronto	YYZ
Dallas	DFW	Sao Paulo	SAO(GRU)

■ 구주/중동 지역

도시명	도시Code (공항Code)	도시명	도시Code (공항Code)
Paris	PAR (CDG, ORY)	Madrid	MAD
London	LON (LHR, LGW)	Moscow	MOW (SVO)
Rome	ROM (FCO)	Cairo	CAI
Frankfurt	FRA	Bahrain	BAH
Zurich	ZRH	Tel Aviv	TLV
Brussels	BRU	Vienna	VIE
Tripoli	TIP	Istanbul	IST
Amsterdam	AMS (SPL)	Jeddah	JED

■ 주요 항공사Code

항공사	항공사Code	항공사	항공사Code
Aeroflot Soviet Airlines	SU	Air Canada	AC
Air China	CA	Air France	AF
Air India	AI	Alitalia Airlines	AZ
All Nippon Airways	NH	American Airlines	AA
Asiana Airlines	OZ	Air New Zealand	NZ
British Airways	BA	Continental	CO
Cathay Pacific	CX	China Airlines	CI
China Eastern Airlines	MU	China Northern Airlines	CJ
China Southern Airlines	CZ	Continental	CO
Delta Airlines	DL	Garuda Indonesia	GA
Japan Air System	JD	Japan Airlines	JL
KLM-Royal Dutch Airlines	KL	Korean Air	KE
Krasnoyarsk Airlines	7B	Lufthansa Airlines	LH
Malaysia Airline System	MH	Mongolian Airlines	OM
Northwest Airlines	NW	Philippine Airlines	PR
Qantas Airways	QF	Sakhalinskie Airlines	HZ
Singapore Airlines	SQ	Scandinavian Airlines System	SK
Saudi Arabian Airlines	SV	Trans World Airlines	TW
United Airlines	UA	Thai Airways International	TG
Vasp Brazilian Airlines	VP	Uzbekistan Airways	HY
Vladivostok Air	XF	Vietnam Air	VN

참고문헌

〈국 내〉

곽동성·강기두(1996), 서비스마케팅, 동성사.

김성혁·조인환(2001), 항공실무론, 백산출판사.

김한식(1990), 현대인과 와인, 태웅출판.

대한항공 기내지, Morning Calm.

대한항공 신입사원 입사교육교재.

대한항공 객실서비스규정집.

대한항공 기내대화.

대한항공 기내방송 매뉴얼.

롯데호텔 식음료 매뉴얼.

박영배 외(1999), 식음료관리론, 백산출판사.

서성희 외(2006), 항공운송실무, 백산출판사.

서성희 외(1999), 나도 스튜어디스가 되고 싶다. 현실과미래사.

서성희 외(1999), 매너는 인격이다, 현실과미래사.

아시아나항공 기내지, Asiana.

아시아나항공 업무규정집.

아시아나항공 직무훈련 교재.

윤대순(1993), 항공실무론, 백산출판사.

이병선(2008), 항공기 객실서비스실무, 백산출판사.

이유재(2001), 서비스 마케팅, 학현사.

정동성 외(1999), 서비스 마케팅, 동성사.

최수근(1993), 서양요리, 형설출판사.

〈국 외〉

Bitner, M.J.(1990), Evaluating Service Encounters : The Effect of physical Surroundings and Employee Responses, Journal of Marketing, 54(April).

Bitner, M.J.(1992), Servicescapes : The Impact of Physical Surroundings on Customers and Employees, Journal of Marketing, 56(April).

Oakes, S.(2001). The Influence of the Musicscape Within Service Environments, Journal of Services Marketing, 14(7).

Stephen(1990), Airline Marketing and Management, Pitman Publishing.

Wakefield, K.L., and Blodgett, J.G.(1994), The Importance of Servicescapes in Leisure Service Settings, Journal of Services Marketing, 8(3).

Wakefield, K.L., and Blodgett, J.G.(1996), The Effect the Servicescapes on Customers Behavioral Intentions in Leisure Service Settings, Journal of Service Marketing, 10(6).

White, Claudia A.(1994), "The Attributes of Customer Service in the Airline Industry", Ph.D. Dissertation, United States International University, San Diego.

Zeithaml, V.A., and Bitner, M.J.(1997), Services Marketing, McGraw-Hill Book Co.

Zins, H.A.(1998), "Antecedents Satisfaction of Customer Loyalty in the Commercial Airline Industry", Proceeding of the Annual Conference European Marketing Academy, 3.

『カクテル入門』(1999), 日東書院.

『ワイン入門』(1998), 誠文堂新光社.

저자 소개

박 혜 정

이화여자대학교 정치외교학과 졸업
세종대학교 관광대학원 관광경영학과 졸업(경영학 석사)
세종대학교 대학원 호텔관광경영학과 졸업(호텔관광학 박사)

대한항공 객실승무원
대한항공 객실훈련원 전임강사
동주대학교 항공운항과 교수
현) 수원과학대학교 항공관광과 교수

항공서비스시리즈 5

항공객실업무

2014년 11월 10일 초 판 1쇄 발행
2023년 9월 30일 개정판 3쇄 발행

지은이 박혜정
펴낸이 진욱상
펴낸곳 백산출판사   저자와의
교 정 성인숙   합의하에
본문디자인 박채린   인지첩부
표지디자인 오정은   생략

등 록 1974년 1월 9일 제406-1974-000001호
주 소 경기도 파주시 회동길 370(백산빌딩 3층)
전 화 02-914-1621(代)
팩 스 031-955-9911
이메일 edit@ibaeksan.kr
홈페이지 www.ibaeksan.kr

ISBN 979-11-5763-000-4
값 17,000원